宓正 —— 著

U0061603

愛因斯坦

及其相對論（修訂版）

三聯書店（香港）有限公司

責任編輯　陳翠玲　俞笛

裝幀設計　吳冠曼

書　　名　愛因斯坦及其相對論（修訂版）

著　　者　宓　正

出　　版　三聯書店（香港）有限公司

　　　　　香港北角英皇道 499 號北角工業大廈 20 樓

　　　　　JOINT PUBLISHING (H.K.) CO., LTD.

　　　　　20/F., North Point Industrial Building,

　　　　　499 King's Road, North Point, Hong Kong

香港發行　香港聯合書刊物流有限公司

　　　　　香港新界大埔汀麗路 36 號 3 字樓

印　　刷　美雅印刷製本有限公司

　　　　　香港九龍觀塘榮業街 6 號 4 樓 A 室

版　　次　2011 年 3 月香港第一版第一次印刷

　　　　　2018 年 2 月香港第一版第二次印刷

規　　格　大 32 開 (143 × 190mm) 196 面

國際書號　ISBN 978-962-04-2915-6

照片 1　愛因斯坦騎自行車

這張照片是1933年他在加州理工學院當客座教授時所攝，此時，他已是54歲了。

（加州理工學院保存，Courtesy of the Archives, California Institute of Technology）

照片 2　瑪麗克與愛因斯坦的結婚照片

愛因斯坦得到專利局的固定工作後，於1903年1月6日與瑪麗克（Mileva Maric）結婚。他們是在瑞士理工學院的同班同學。瑪麗克來自南斯拉夫北部塞爾維亞（Serbia, Yugoslavia）。她與居里夫人（Madame Curie）同為物理學的女性先驅者。（愛因斯坦紀念館保存，Courtesy of Einstein Museum, Bern, Switzerland）

照片 3 愛因斯坦與朋友

後排左起：愛因斯坦，愛侖飛斯（P. Ehrenfest），西特爾（W. Sitter）
前排左起：埃丁頓（A. Eddington），洛倫茲（H. Lorentz）
愛因斯坦常與物理學家愛侖飛斯討論研究。天文學家西特爾觀察雙星運行，證明了相對論的速度加減法。天文學家埃丁頓在1919年第一次測到星光被太陽彎曲與愛因斯坦理論相符。物理學家洛倫茲提出長度縮短的假說，是相對論的前導。
（紐約李奧巴克學院保存，Courtesy of Leo Baeck Institute, New York）

目錄

我與祖父愛因斯坦的交往（代序）

　　在祖父（Albert Einstein）的催促下，我的父親漢斯（Hans）、母親妃麗達（Frieda）、弟弟克勞斯（Clause）和我於1938年移民到美國。那時我只有8歲。祖父認為歐洲太危險，因為德國希特勒（Hitler）瘋狂地迫害猶太人，並用武力侵略鄰國。父親漢斯在1935年得到瑞士聯邦理工學院（Federal Polytechnical Institute，德文簡稱為ETH）水利工程博士。祖父是在1900年從同一學校畢業的。父親獲得博士後留在原校當助手，收入不多，因之我們一家的路費是祖父付的。

　　船到紐約時，祖父為避免新聞界的注意，並沒有到碼頭來迎接我們。但他已做好了安排，在紐約買了一部汽車給我們用。一家人乘那輛車到祖父在紐約州長島（Long Island）的暑期臨時住所。祖父很高興看到我們，談笑風生。我對祖父印象很好。這是我第二次見到他，第一次我只有兩歲。我們在長島住了兩個星期，一家人乘帆船去遊湖，然後一起回到新澤西州普林斯頓（Princeton, New Jersey）的祖父家裡。他是普林斯頓大學高等研究所的物理教授。

祖父的生活很有規律。早上起來他習慣穿一樣的衣服，但不穿襪子。早餐後秘書兼管家杜客絲（Helen Dukas）收拾廚房，他就拉小提琴。後來他身體不好，就改彈鋼琴。他的小提琴拉得很好，將曲子的韻味表達出來了。

　　杜客絲將廚房收拾完後，她就和祖父一起寫回信。祖父每天都會收到不少信件，需要花一小時左右的時間回信。祖父措辭，杜客絲打字。我有好幾次在旁邊聽。祖父回答所有的來信，包括一些荒唐的信。有的信，他要想一下以後才回，他的回信很清楚、謹慎，打好字就很少需要再修改。

　　信寫完了，他就走路去上班。他從來不開汽車，也沒有學過開車。中午回來，有時帶同事一起午餐。我記得遇到過他的助手貝格曼（Bergmann）及巴格曼（Bargman）教授等等。

　　午餐後，祖父就看《紐約時報》（*New York Time*），一邊看，一邊評論世界新聞大事。他的評語都簡明適當。然後他就午睡，下午又去上班，到晚餐時回來。傍晚又拉小提琴或彈鋼琴。

　　我在普林斯頓住了幾個月。父親漢斯找到一份研究工作，是在美國農業部土壤保持局（Soil Conservation Service, U. S.

Department of Agriculture）研究泥沙流動問題。他先去南卡羅來納州的克侖生市（Clemson, South Carolina），後來轉到加州的帕薩迪納市（Pasadena, California）。1947 年起，父親在伯克利的加州大學（University of California at Berkeley）當水利工程教授，直到1971年退休。

1939 年，我的姑婆、祖父的妹妹瑪佳（Maja）來探訪祖父。她的丈夫保羅‧溫特勒（Paul Winteler）是祖父在瑞士高中時的好朋友。溫特勒大概因身體不好，或是移民問題，沒有來。姑婆來了不久，第二次世界大戰爆發，歐洲戰火蔓延，她就不能回去了。1946 年瑪佳中風後就臥病在床。祖父每天傍晚唸一小時聖經或古典文學給她聽，瑪佳對我特別好，是我在那個時期的監護人。

1940 年及1941 年暑期，我都去紐約州的薩蘭納湖（Lake Saranac）見祖父。那裡有一避暑勝地叫諾爾伍德（Knolwood），為紐約六位富豪所擁有，那裡有許多娛樂設施。祖父常帶我乘帆船遊湖。平常遊湖時，他很少說話，以享受清靜。有一天下午，風平浪靜，在湖上呆了三小時，他說了很多話，解釋肥皂泡的物理及數學。雖然我不是很懂他的理論，但我對他的講述很感興趣，時間飛快地過去了。在暑假中除了多次乘船遊湖外，他的工作習慣照常。

祖父為人謙和。有一次，在他的夏天住所，有人來送食物，祖父與他談天，知道他有一個小音樂團，在傍晚就與他們一起拉小提琴。

祖父喜歡智力玩具，他曾介紹一些給我。記得有一種玩具，有十幾個小方塊，上有數字。要把方塊移到順數字次序。我試了好幾次後才排好次序，他就教我其中安排次序的道理。

有一年暑假，泡利（Wolfgang Pauli）來訪。他是瑞士 ETH 大學有名的物理教授。祖父請他從歐洲到普林斯頓大學高等研究院做研究。上午祖父與他討論了很久，下午泡利與姑婆瑪佳在陽台上一面下棋，一面大吃糖果。我現在回想起來都覺得好笑，可能泡利的原子粒子旋轉理論（spin theory of atomic particles）就是在這次訪問及糖果的享用中產生的。

我們都知道祖父寫給羅斯福總統（President Roosevelt）那封有名的信，建議造原子彈，從而開始了曼哈頓計劃（Mahattan Project）。祖父很清楚原子彈的威力，他自己並沒有參加這個計劃。但是他也很了解，應當阻止德國希特勒的瘋狂政策，並且這是不容易的事。他也曾幫助過有關戰事研究。他曾做過美國海軍研究顧問，參加海軍試驗所工作。在加州中國湖（China Lake, California）海軍試驗所內豎有一塊碑，是為了紀念他的研究工作。

1944 年，美國戰時公債委員會向祖父要相對論的原稿，以作為推銷公債之用。祖父回答說，原稿已找不到了，但他願意親手再抄一份送給公債會。這個抄本在公債拍賣場以 650 萬美金賣給一家保險公司。後來該公司將那抄本轉贈給美國國會圖書館。

祖父有抽煙斗的癮。1945 年醫生發現他的胃部血管膨大，就不准他抽煙斗。秘書杜客絲告訴我說，祖父走路上下班時，常拾起地上的香煙頭，塞進煙斗內抽幾下過過癮。

1954 年我 24 歲時，祖父給了我 5,000 美金去他的母校瑞士聯邦理工學院讀物理。我從加州去瑞士時經過普林斯頓拜訪他，並談到物理及能量。當他知道我不能與他做高深討論，就不再談了。這是我最後一次看到他。

1955 年 4 月祖父病危，當時他已 76 歲了。他叫我父親從加州趕到普林斯頓醫院聽他的遺囑。祖父第一次稱讚他兒子在水利工程界的成就。我猜想祖父很失望，兒子沒有學物理。祖父也曾向他兒子懺悔其他事情，但我父親沒有多說。當時醫生們催促祖父開刀割去胃部血管的膨大部分，但他不願意，對他兒子說："我去的時候已經到了。"祖父於1955 年 4 月18 日夜，在睡眠中安詳去世，享年 76 歲。

伯納德・愛因斯坦
（Bernard Einstein）

前言

愛因斯坦（Albert Einstein）的相對論是科學上的一大里程碑。它增加了我們對宇宙的認識，在世界上有很廣泛的影響。本書的目的是要協助大、中學生及社會人士了解愛因斯坦的哲學及相對論。

什麼是相對論呢？它是一種理論，用來解釋光的不平常性能。光的速度是一定不改變的，完全不受光源移動速度的影響。它還可解釋宇宙間許多其他物理上的問題。相對論是在1905 年發表的。在這100 多年中，有許多實驗證明相對論是對的。直到如今，還沒有一個試驗能證明它是錯的。

愛因斯坦的哲學思想與他的大發現有關。本書的前半部分提到他的生平及哲學思想。他的孫子伯納德（Bernard Einstein）以他個人的經歷寫了代序。第1章到第 7 章提到愛因斯坦的生平及他研究發明的過程，包括歷史背景、個人軼事、相對論發現的經過、他與造原子彈的關係及其影響，以及相對論的應用。

第 8 章到第13 章中有相對論的數學推導，以高中代數為主。第 8 章內以最簡單的方法推演出他最有名的公式，$E=mc^2$。第 9 章中有物體的質量增加公式。第 10 章有狹義相對論的詳細推演。第 11 章證明時間變慢。第 12 章討論長度縮短。第 13 章介紹相對論的速度加減法。第14 章是結論。

愛因斯坦不但是一位大科學家，也是一位大哲學家。"銘言選"選出能代表其哲學的銘言及他的公式。因為公式能簡要有力地說明真理。這些銘言及公式總結了他的哲學思想及科學上的成就。最後是參考文獻。

我在美國華盛頓州立大學教書時，有幸遇見愛因斯坦之子漢斯（Hans Einstein）。後來又遇到愛因斯坦的孫子伯納德及孫女愛凡侖（Evelyn）。因為我對相對論很感興趣，並對愛因斯坦本人十分崇敬，所以編著了本書。目的在於使大家更了解這位偉人的思想及理論。書中難免有疏漏之處，敬請指正。讀者的意見可寄至下述地址：Walter C. Mih, 3000 Rasford Circle, Pacific Grove, CA93950, U.S.A. Email: wcmih@aol.com

本書是根據參考文獻內的資料，加上我個人的了解與經歷而寫成的。寫作過程得到多位親友的幫助。他們是Tom Bennet, Jeff Filler，及Priscilla Wegars。製圖者是 Adam Crowell 及 Tom Handy。

作者也感謝伯納德‧愛因斯坦寫了代序。伯納德是愛因斯坦的長孫。

我又感謝以前教導我的師長朋友，只提幾位：李述齋（Shuh-Chai Lee），Alvin Anderson, John Hoopes 及 Joe Parker。

本書中引用愛因斯坦的銘言，已得到美國普林斯頓大學出版社（Princeton University Press），及耶路撒冷的希伯來大學出版社（Hebrew University of Jerusalem Press）的許可。

宓正　謹啟

1998年 初版

2009年 修訂版

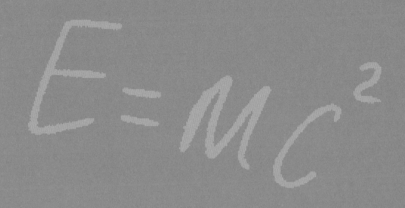

01

引言

愛氏説：“在好奇、求知慾、忍耐固執及自我批評的引導下，找到了我的理論。”（文獻25，頁216）

愛因斯坦（Albert Einstein）的相對論是科學上重要發明之一。但只有少數人了解他的理論及思想。他的為人如何？相對論是怎樣推演出來的？它的應用又有哪些呢？本書將討論這些問題。

我第一次聽到愛因斯坦是在1945 年，當時正值第二次世界大戰末期，原子彈炸毀了日本兩大城市。報紙上報道，盟軍用了一種威力極強的新式炸彈，徹底摧毀了整個城市。幾天後報上才解釋，這是原子彈。很多市民不幸喪生。然而戰爭因此很快結束了。如果戰爭再拖長幾個月，生命的犧牲將會更大。

那時我在上海，是初中一年級學生。長久又殘忍的戰爭終於結束了，大家都非常高興，熱烈慶祝。吾兄宓治解釋給我聽，為什麼原子彈威力這樣大。他説，其根據是愛因斯坦的相對論，他導出一公式，能量等於質量乘光速的平方，$E=mc^2$。其中 E 是能量，m 是質量，c 是光速。物體的質量乘以重力加速度就等於重量。因為光速很快，是一個很大的數字，其平方就更大了。根據這個公式，一小塊物質裡會有很大的能量。原子彈就是因物質突然變為能量而成的。

1951 年我進了台灣大學。校園裡常有週末電影。有一次放映愛因斯坦及相對論，很多學生去看。電影中的愛因斯坦已經很老了，頭髮很長，看來半年多沒有理過。影片中他說話很慢，解釋他的相對論，其中包括一把長尺在移動中會縮短些，聲音也會變成低8度。我當時聽了，覺得都是深奧難懂的。這些理論都將在本書中說明。

在大學時我學水利工程。愛因斯坦的兒子漢斯（Hans Einstein），是很有名的水利工程教授。漢斯在美國伯克利的加州大學（University of California at Berkeley）教學和研究。他研究出聞名世界的河川泥沙流動輸送公式。漢斯與他父親一樣，待人謙和。中國水利界都叫他小愛因斯坦。

1971年漢斯退休。那年6月在加州伯克利大學裡舉行泥沙專題討論會（Sedimentation Symposium），以慶祝他的成就。我當時已在普爾曼（Pullman）的華盛頓州立大學（Washington State University）教水利工程。我向該泥沙討論會提交一篇文章，幸運地被採納，並有機會遇見漢斯。他的外表與他父親不同，他頭髮短，並且衣冠整齊。

當漢斯和他夫人伊麗莎白（Elizabeth）知道我是在普爾曼的華盛頓州立大學教書時，伊麗莎白很高興地說，漢斯的女兒愛凡侖（Evelyn Einstein）也住在普爾曼。她的丈夫克蘭茨（Grover Krantz）也在同一大學，他是考古人類學系的教授。愛凡侖是漢斯與其第一任太太妃麗達（Frieda）的女兒。妃麗達不幸於1958年去世。後來漢斯與伊麗莎白結婚，他們曾去普爾曼探訪過愛凡侖，還參觀了華盛頓州立大學的水利實驗室。

在泥沙討論會中，漢斯常被大會主席邀請評論各篇論文。當一篇有關紊流（turbulent flow）的論文發表後，漢斯說：

"你們都知道，我的父親和卡曼（Theodore Von Karman）是很好的朋友。卡曼是有名的紊流及旋渦流（turbulent and vortex flows）的專家。有一天我聽到父親說：紊流學實在太複雜、太難了，我還是讓卡曼去傷腦筋算了吧！"

漢斯說完後，整個會場哄堂大笑了一陣。

以下幾次新聞記者訪問漢斯的記錄來自我與格倫尼博士（Dr. Bard Glenne）的談話。格倫尼是伯克利的加州大學水利工程博士。他曾在華盛頓州立大學教書，與我是同事。

因為漢斯有出名的父親，新聞記者們常來訪問漢斯。在談話快完時，記者們常會提出一些使漢斯不好受的問題：

"你的父親是世界最有名的原子物理學家。他發明了相對論。你為什麼不跟隨他的腳步去學物理呢？你父親對你從事水利工程有何意見？"

　　但這種問題帶有很不好的影射和含意：

　　"你父親是世界上最有名的物理學家，是大天才，你怎麼這樣笨，只能成為水利工程學教授。"

　　但這種僵局被漢斯化解了，他說：

　　"你想知道我父親對我學水利工程的意見嗎？他很高興我成為水利工程學教授。"

　　新聞記者亦曾問過愛因斯坦關於他兒子漢斯的專業是水利工程學的看法。愛因斯坦回答說：

　　"我的兒子漢斯在研究比相對論更困難的問題。"

　　泥沙專題討論會最後一天，漢斯的夫人伊麗莎白被請到會中演說。她曾是斯坦福大學（Stanford University）腦神經學的教授。後來轉到加州大學舊金山市醫學中心（San Francisco Medical Center）當教授。她在腦神經學方面發表過很多文章。當她在演說時，我的思想一直不能集中，在胡思亂想：

"她應該多多研究愛因斯坦家族的腦神經系統，不是很好嗎？"

後來我發現這種想法是不對的。愛因斯坦在74歲時說：

"我現在很清楚了，我並沒有特別高的才能。在好奇、求知慾、忍耐固執及自我批評的引導下，找到了我的理論。我並沒有特別強的思考力，或許只有中等程度。很多人有比我更好的腦筋，但並沒有做出任何有價值的新貢獻。"（文獻 25，頁 216）

想不到這位世界上最偉大的科學家會說出這些話！我們應該放棄超等人種及大天才的觀念。同時對我們這些一般的人而言，這是一種很大的鼓勵。不一定要有天賦才能成為天才，一般人都可能成為天才。如果我們照愛因斯坦的話去做，我們也可以做出很好的成就。

照片4　愛因斯坦的長子漢斯，他已是69歲了

漢斯曾是加州大學水利工程教授。他研究出舉世聞名的河川泥沙輸送的公式。他得到美國水利工程學會的獎狀。

（加州大學水資源中心保存）

照片5　愛氏父子

愛氏的長子漢斯（右），是有名的水利工程學教授。他在加州伯克利大學教學研究。
（美國物理學院保存，Courtesy of Emilio Segre Visual Archives, American Institute of
Physics, College Park, MD.）

$$M = \frac{E}{C^2}$$

02
愛因斯坦及其理論

愛氏說：「"科學的主要目的是以最少數的假設，用合理的邏輯，來解釋最廣泛的實驗結果。"」（文獻5，頁178）

愛因斯坦於1879年3月14日出生在德國南部的烏爾姆（Ulm），後來他先後搬到慕尼黑（Munich）、意大利的米蘭（Milan, Italy）及瑞士阿羅（Aarau, Switzerland）。他的雙親都是猶太人。他的父親（Herman）與叔叔在慕尼黑開了一家電氣材料行，但因生意不好，只好搬到另一地方開業。他們很慷慨，常常請窮大學生到家來吃飯，這是猶太人的一種風俗。他們是一個快樂的家庭，很好客。愛因斯坦的母親保林（Pauline）會鋼琴。傍晚家人常和客人伴着音樂一起唱歌。母親鼓勵愛因斯坦從小學拉小提琴，後來這成為他終生的嗜好。

　　愛因斯坦在學校裡只是中等學生，並不是高材生。他對物理及數學很有興趣並好奇，但語言及生物方面的成績不很好。十多歲時他自修幾何數學，並得叔叔雅各布（Jacob）及一個大學生客人塔爾邁（Max Talmey）的教導、幫助。

　　當塔爾邁來做客吃飯時，常常帶一些書給愛因斯坦。其中有科學、物理和數學書籍。愛因斯坦仔細讀這些書，並做書裡的習題。有問題時就與塔爾邁討論。不久塔爾邁發現愛因斯坦的數學進步得很快，懂得比自己都多了。後來就改談哲學等話題（文獻7，頁16）。

1893 年愛因斯坦在德國慕尼黑讀高中時，德國政府將高中教育軍事化，紀律與懲罰非常嚴厲。上課時學生不能多提問題。愛因斯坦很不喜歡軍事作風的教育。

　　1894 年，父親因電氣行生意不好，不得已只好搬到意大利米蘭開業。當時德國政府規定，身體健康的年輕人必須先接受軍訓，之後才能出國。愛因斯坦便一人留在慕尼黑讀高中。不料半年後，他因很想家而得病，加之不喜歡軍事教育，因此他在學校裡故意弄差成績和表現不好，因而被開除，他就高興地回到米蘭。因這事有謠言說愛因斯坦是遲鈍低能者，其實這不是事實。

　　瑞士蘇黎世（Zurich, Switzerland）聯邦理工學院（德文縮寫為 ETH）是很有名的理工大學，它並不要求學生有中學畢業文憑，但所有學生都要通過入學考試。在 1895 年愛因斯坦 16 歲時參加了 ETH 的入學考試，因外國語言及生物考得不好，並沒有通過入學考試。然而他的數學及物理考得很好。ETH 的教授就鼓勵他明年再考，並介紹他去阿羅縣立中學（Aarau County High School）再讀一年。次年（1896年）他順利地通過了 ETH 的入學考試。

　　阿羅（Aarau）是一個小城，離ETH學院的所在地蘇黎世約有 40 公里。中學校長及教員溫特勒（Jost Winteler）請愛因斯坦在他家寄宿。他們一家人對愛因斯坦非常友善。不久愛因斯坦就稱呼溫特勒夫婦為阿爸與阿媽。溫特勒夫婦有好幾位子女。有一個女兒瑪麗（Marie）會彈鋼琴，常與愛因斯坦一起練鋼琴與小提琴的協奏曲。週末他們同去遠足郊遊，欣賞樹林鳥類及大自然風景。不久他們深陷情網。愛因斯坦回家時將此事告訴了母親。母親保林對瑪麗的印象極好，認為他們將是天造地設的一對。

一年後，愛因斯坦考進了ETH學院。瑪麗也離家去另一個城市教小學。他們彼此盟誓永遠相愛，分開後仍情書頻頻。但不久愛因斯坦突然寫信說他們以後最好不要再通信了，這使瑪麗很傷心。愛因斯坦只好再寫信去打圓場，通信又繼續了一段時間。但局面已不可能挽回了。愛因斯坦對同班女生瑪麗克（Mileva Maric）有了興趣。瑪麗克是從南斯拉夫北部塞爾維亞（Serbia, Yugoslavia）來的。愛因斯坦與瑪麗的"永恆"愛情只維持了 4 個月而已（文獻 3，頁 9～13）。

與瑪麗斷絕交往後，愛因斯坦曾向溫特勒夫婦道歉，並與他們繼續保持友好關係，有時還去阿羅訪問他們。溫特勒成為愛因斯坦的榜樣與模範。溫特勒的兒子保羅（Paul）後來和愛因斯坦的妹妹瑪佳（Maja Winteler）結婚。溫特勒的另一個女兒安妮

（Ann Winteler）與貝索（Mike Besso）結婚。貝索是愛因斯坦大學同學，後來成為同事，曾一起討論過相對論。

愛因斯坦的父親赫爾曼希望他兒子讀電機工程，以繼承家裡的電氣行，也容易找事。但愛因斯坦只肯唸物理。母親保林從中調解。後來父親見兒子堅持，只好滿足他的願望。愛因斯坦在ETH讀了4年物理，於1900年畢業。

愛因斯坦對光線很有興趣。在19世紀末期，科學家們都以為光是一種波動（wave）。但波動必須要有媒體來傳播。例如湖裡的波浪是由水來帶動的。聲音是靠空氣傳播的。為了解釋星光如何穿越太空傳到地球上，科學家們認為一定有一種媒體，被稱為以太（ether），來傳播光線。科學家認為以太是很小的東西，沒有質量，均勻地充滿宇宙，無孔不入，到處都有。如果它有質量，就會被星球的萬有引力集中在其附近，而不可能均勻分佈於宇宙中。雖然從來沒有人能證明它的存在，但在19世紀時，大多數科學家們都同意以太的構想。

愛因斯坦對光線及以太非常好奇。他利用理工學院的物理實驗室自己來做試驗。他找到一台抽氣機來抽空一個玻璃瓶。他想，當瓶內的空氣及以太都被抽光後，玻璃瓶就會變成不透

照片6　愛因斯坦中學

1894年，愛氏在這所德國慕尼黑的中學就讀。這所學校現已改名為愛因斯坦中學
（Albert Einstein Gymnasium）。在大門的玻璃上貼了學生繪的愛氏漫畫。（宓正攝）

照片7　阿羅縣立中學

愛因斯坦在1896年從這所高中畢業。校長約斯特‧溫特勒（Jost Winteler）請愛因斯坦在他家住了約一年。後來他們成為很好的朋友與親戚。（宓正攝）

照片8　瑞士理工學院

愛因斯坦在1896年進了這所學院就讀物理。四年後，1900年畢業獲得學士學位。
1912年被他的母校請去當正教授。（宓正攝）

　愛因斯坦及其相對論

照片9　瑞士理工學院的側門

理工學院實驗室在這個門附近。（宓正攝）

明的。因為沒有以太傳播光，瓶子對面的東西就看不見了。他用的瓶子很薄，避免光線從瓶子的玻璃中繞道而走，連續抽了許多天，玻璃瓶還是透明的。一直抽到某一天，那個薄瓶子突然因高真空而炸掉了，他因此受傷。

1900 年愛因斯坦大學畢業，他有了物理學學士學位，有資格在中學教物理及數學，或做物理教授的助手。但他兩年裡都找不到正式的工作。只好在中學當臨時教員，或當私人家教，生活困難。他聽同學格羅斯曼（M. Grossmann）說瑞士伯恩（Bern）的專利局有工作機會時，與局主任哈勒（F. Haller）會面之後，就搬到伯恩，等待工作正式開始。等了約 6 個月，他再去登報招攬家教生意。通過登報他認識了一些新朋友，他們都對物理有興趣，就成立了一個科學討論會，一共只有 6 人，號稱為奧林匹亞學院（Olympia Academy）。愛因斯坦被選為該學院的院長。其他 5 位是索洛文（Maurice Solovine）、康拉德·哈比德（Conrad Habict）、保羅·哈比特（Paul Habict）、邁克·貝索（Mike Besso）及恰範（Lucien Chavan）。他們定期在會員家中開讀書會，熱烈討論物理、數學及哲學書籍，常常談至深夜。

1902 年，愛因斯坦好運氣來了！他找到一份固定的正式工作，在瑞士專利局當公務員。他是第三級初等專利審查員。如果他有工程學位，他的等級可高一級。但這不重要，要緊的是他有了固定的收入。收入穩定後，1903年他與大學同班同學瑪麗克結婚。次年他們得長子漢斯。專利局的工作對他是很要緊的，使他有了固定的收入。他曾說：

"當我們每天的食物要依靠神的特別祝福時，這些日子不是好過的。"（文獻5，頁43）

在1902年到1905年中，愛因斯坦的研究成果大放光彩。1905年他發表了4篇文章及一篇論文。在科學史上從來沒有見過一年內出現這樣多傑出的成就。那年他完成了博士論文，提交給蘇黎世大學（University of Zurich）審核。論文討論原子的大小，其中導出液體與固體混合的黏性係數（viscosity）。這是混合物流體力學中的一個重要公式，直到現在仍在應用。次年1906年蘇黎世大學批准他的博士學位。在瑞士大學畢業後，通過嚴格的論文審查就可得博士學位。1905年，他在德國物理期刊（*Annalen der Physik*）上發表了4篇震動世界的文章，說明如下（文獻17）：

1. 《光的產生與傳播》——這是光電學（photoelectric）及量子力學（quantum mechanics）上的重要文獻。

2. 《微粒在靜止液體內的跳動》（又稱為布朗運動Brownian motion）——證明液體是由分子組成的。

3. 《移動中物質的電力學》——後來被稱為狹義相對論（Special Theory of Relativity）。它圓滿地解釋了光的不平常性能：光的速度是一定不改變的，完全不受光源或觀察者移動速度的影響。也導出了好些新公式，都有意外的結果。相對論是科學上一大傑作。在科學理論上，它構想的美妙及重要性相當或超過藝術界達芬奇的名畫《蒙娜麗莎》，或音樂界貝多芬的《第9交響曲》。

4. 《物體的質量是否與其能量有關呢？》——相對論發表後不久，愛因斯坦有了一個奇妙的構想，在這篇很短，只有三頁的文章內，根據相對論，導出了他最有名的能量與質量公式，即 $E=mc^2$。這個公式後來對世界有很大的影響。這篇文章被認為是相對論的一部分。

誰也想不到這位低級的專利審查員，會寫出這樣高級的物理理論。雖然他在專利局的工作與他個人的科學研究無關，但他的工作並沒有妨礙研究。愛因斯坦曾説：

照片10　新瑞士專利局

1902至1909年，愛因斯坦在伯恩市當專利初等審查員7年。他在該局工作的成績很好。同時在工餘時間自己做理論物理的研究，並有極好的成果。1905年，他發表了狹義相對論及他最著名的公式E=mc^2。

以前專利局的房子因有新建設而拆去。新的專利局位於愛因斯坦街2號。（宓正攝）

照片11　伯恩大學

1908年，伯恩大學請愛因斯坦當客座講師。附近有一棟新科學大樓，內有愛因斯坦的紀念牌。他那時仍在專利局工作。（宓正攝）

照片12　蘇黎世大學

1906年，愛因斯坦在此獲得博士學位。3年後，1909年，該校聘請他當理論物理的副教授，他就離開專利局了。（宓正攝）

"從事科學研究工作，要得到真有價值的好結果之機會是很少的。所以只有一條出路：花多半時間在實際工作上，用其餘時間來學習研究。"（文獻 5，頁 180）

愛因斯坦寫作很多。從 1902 到 1905 年，他一共發表 9 篇物理文章，多半刊登在德國物理期刊上（*Annalen der Physik*）。另有 21 篇短文介紹別人的著作，也是刊登在同一本物理期刊的通信副刊上，那時普朗克（Max Planck）是該物理期刊的編輯，他又是柏林大學有名的物理教授。在一個重要的光能公式中有一個常數，被稱為普朗克常數，就是為了紀念他的研究成果。

幸好普朗克是編輯。愛因斯坦的狹義相對論的文章都是理論，沒有一點他自己的實驗資料，也沒有參考文獻。並且他的理論是很抽象的，與當時一般科學界的想法不同。今天這樣的文章常會被打退票的。但普朗克看出愛因斯坦文章裡新構想的奧妙，所以將愛因斯坦的文章很順利地發表出來。

後來，1905 年被稱為愛因斯坦的奇蹟年。這些文章發表後，他的名聲漸漸升高。他仍在瑞士專利局做事。1908 年他在當地伯恩大學當客座講師。專利局的上司並不知道他已是世界級的科學家。1909 年蘇黎世大學請他去當副教授。當他辭職時，專利局主任哈勒（F. Haller）不相信蘇黎世大學會請愛因斯坦當副教授，他說：

"愛因斯坦，請你不要隨便開玩笑，沒有人會相信這個謠言的。"（文獻 28，頁 5）

1911 年，布拉格（Prague）的德國大學請愛因斯坦去當正教授。他只當了一年，因為太太瑪麗克很不喜歡那裡的軍國風氣及環境。1912 年愛因斯坦回到瑞士蘇黎世，在他的母校 ETH 做正教授。

1913 年，柏林大學物理名教授普朗克親自到瑞士蘇黎世來找愛因斯坦，當面承諾給他一個好職位，好得使他無法拒絕。普朗克請他去柏林大學擔任威爾漢物理研究所主任（Kaiser Wilhelm Institute of Physics），條件非常優厚。合同上規定他可以不必教課，專心研究，主任的事務由別人負擔，薪水也大有增加。

在柏林大學，愛因斯坦將相對論推廣到包括萬有引力與加速度的影響。1916 年在德國物理期刊上發表了廣義相對論（General Theory of Relativity）。這是科學上另一大傑作，其中應用了高深數學的張量（tensor）及黎曼幾何（Riemannian geometry）。愛因斯坦很努力，用了很多心血才研究出來。他專心到連家庭都不顧了。他的太太瑪麗克對柏林的軍國主義作風很不喜歡，又怕將來兒子漢斯會被徵去當德國兵（1914 年第一次世界大戰爆發，連 15 歲的男孩都會被徵兵）。那年瑪麗克帶小孩回到瑞士蘇黎世，與愛因斯坦分居。5年後，兩人終於離婚。

第一次世界大戰時，愛因斯坦一人獨居柏林。他的表妹羅文莎（Elsa Lowenthall）也住在柏林。她是愛因斯坦姨媽的女兒，已離婚，有兩個十多歲的女兒。她家境不錯，常請愛因斯坦吃飯。

愛因斯坦在柏林的處境困難。他與家人分離，有時去瑞士蘇黎世看家人，但結果常與妻子瑪麗克吵架。戰時柏林常有緊張的消息，日用品都常常短缺。這時，他的好朋友施瓦氏（Karl Schwarzschild）忽然去世，使他很難過。施瓦氏是一位傑出的天文物理學家，在第一次世界大戰時，他被徵從軍。施瓦氏在軍中讀到愛因斯坦的廣義相對論的初稿，就寫了兩篇文章，用相對論推演出太陽的重力對附近空間及時間的影響，並寄給愛因斯坦。這兩篇文章寫得很好，是廣義相對論的重要應用。1916 年初，愛因斯坦代替他在德國科學研究會上發表。不料 5 個月後的 1916 年 6 月，施瓦氏在前線因病去世了。愛因斯坦得到這個消息時非常悲傷（文獻 48，頁 124）。

這段時間愛因斯坦專心努力工作。他常常留在住所做研究，不讓別人打擾。有時他連續工作長達兩星期之久，表妹羅文莎只好將飯菜留在他公寓的門外。

　　1914年到1916年，愛因斯坦取得很大成就。他完成了廣義相對論，另外又發表了10篇科學文章及寫了一本書。因疲勞過度，他的身體很虛弱。1917年中他突然因胃劇痛而暈倒。兩個月中他的體重減了22公斤，醫生以為他得了癌症，無藥可醫，後來才確診是胃潰瘍。他必須小心節制飲食，羅文莎就很仔細地為他準備所有飲食。

　　1918年愛因斯坦得了嚴重的黃疸病，多虧羅文莎細心地調養才使他恢復健康。因為羅文莎經常在愛因斯坦公寓內照顧他，他人常有閒話，在這種情形下，他們最好結婚。1919年2月愛因斯坦與瑪麗克正式離婚，同年6月與羅文莎結婚（文獻3，頁94～96）。

　　1914年到1916年，愛因斯坦獨自一人在柏林專心研究物理，他嚴格地自我批評及反覆考查廣義相對論的各種因素，其成果的完美使他變得很有信心。在1916年的廣義相對論論文中，他大膽地提出了3種測量來證明這新的理論：

1. 星光可能因為太陽的萬有引力而彎曲。因為太陽光很強，平常看不見太陽附近的星，只有在日食的黑暗中的照片上，才能測出星光被太陽彎曲的程度，見圖1。

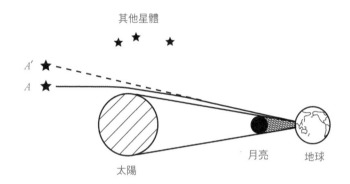

其他星體

A'　星體的實際位置
A'　在地球上看到的位置

圖1　星光被太陽彎曲

2. 水星（Mercury）軌道的移動。水星是最靠近太陽的行星。它的軌道在逐漸移動，與別的行星不同。一般行星的軌道都是固定不動的。

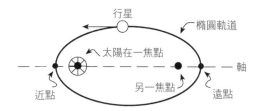

（a）行星軌道是固定橢圓

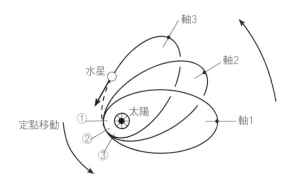

（b）水星的橢圓軌道在移動

圖2　一般行星及水星的軌道

3. 萬有引力可減少光的頻率。當頻率變低時，光會變色近於低頻率的紅光，稱為"引力紅移"。

以上 3 種測量詳細說明如下：

測量1：星光被太陽彎曲，見圖1。

狹義相對論已證明能量與質量是相同的。光有能量，也有質量。根據牛頓的萬有引力，光可被太陽吸引而彎曲。同時太陽的質量會影響附近空間，使其變形。光經過變形空間，也會彎曲。

圖1表示星光被太陽彎曲的情形。一個近太陽的星A，因星光被太陽彎曲了，從地球上沿一條直線看去，就以為那顆星是在離太陽較遠的位置A'。

太陽附近的空間是有勢能（potential energy）的。空間是勢能分佈的表現。施瓦氏以數學解出萬有引力對空間的影響，稱為施瓦氏場（Schwarzschild field）。這個場使一平面在太陽附近下墜。光線在一彎曲的平面上會依照兩點之間最近的距離走，如同船在海洋上做大圈航行（geodesic path），使光又彎曲。所以有兩種彎曲，一種是萬有引力彎曲，另一種是空間彎曲。太陽附近星光的彎曲是由這兩種彎曲相加而成的。雖然彎曲的程度很小（文獻43，頁68）。

測量2：水星軌道的移動。

圖2（a）表示一般行星軌道，是一個固定橢圓。每個橢圓有兩個焦點。太陽是在其中一個焦點上。橢圓上最近太陽處叫近日點（perihelion），最遠處叫遠日點（aphelion）。

圖2（b）顯示水星的軌道橢圓的軸是經常移動的，其近日點也在移動。

天文學家開普勒（Johannes Kepler）根據行星的長期記錄，發現它們的軌道是一個橢圓。離太陽最近的水星軌道是一個長橢圓，因其兩個焦點離得很遠。地球軌道的兩個焦點很相近，橢圓就近於一個圓圈。開普勒從這些觀察記錄中，總結了行星運行的三大定理，在17世紀初就公佈了。

1686年牛頓（Issac Newton）出版了有名的書叫《自然哲學的數學原理》（*mathematical principles of natural philosophy*）。發表了牛頓萬有引力公式及三大運動定律。其中第二定律是最重要的：力等於質量乘以加速度，即 $F=ma$，其中 F 代表力，m 是物體質量，a 是物體運動的加速度。牛頓推演出行星運行的公式，與開普勒的行星運行三大定理相符合。

所有行星的運行都遵守牛頓的公式。它們橢圓軌道軸是固定不變的。只有水星的橢圓軌道軸經常在改變位置。1845 年天文學家萊弗里（Urbain Leverrier）測出水星軌道橢圓軸的轉動速度，這是牛頓力學不能解釋的（文獻 7，頁 205）。

愛因斯坦認為，這是太陽附近的空間變形而引起的，平面會變形下墜，即施瓦氏場的影響而使水星軌道軸變動。如同籃球在籃球框子邊上改變方向而走，或高爾夫球在杯子邊上轉向而出杯，這都是因空間不平而引起的運動方向的改變。

太陽附近平面下墜的程度在靠近太陽的地方很大，遠的地方就很小了。所有行星中，水星最靠近太陽，它的長橢圓軌道因平面下墜而改變方向是可以觀測出來。其他行星軌道的變動太小了，不能測出。它們的軌道是固定不變的。

愛因斯坦在 1915 年自己計算出水星軌道改變方向的速度，與萊弗里測定的完全一樣，使他非常高興（文獻 43，頁 71）。1916 年廣義相對論發表後，別人曾重新計算，確定愛因斯坦的理論是對的。

測量3：引力紅移。

光由光子（photons）組成。光子在每秒鐘的震盪次數叫做頻率，頻率決定光的顏色。青光頻率高，紅光頻率低。在萬有引力或重力強的地方，時間會變慢而使光的頻率減低，光將向靠近低頻率的紅色方向變化，稱為紅移（red shift）。

1925 年，天文學家亞當斯（Walter Adams）從一個重力極強的星光中，測出頻率減少的量與相對論的計算值符合（文獻 8，頁 108）。

1960 年，龐德（R. Pound）及雷布卡（G. Rebka）用一種很精密的伽瑪射線（gamma ray）來驗測紅移。他們將一個伽瑪發射器放在一個高塔頂上，一個接收器放在塔底以測量其頻率。然後將兩件儀器交換位置再測量頻率。當伽瑪射線發射器在塔底時，因那兒的地球重力比塔頂強，使伽瑪射線的頻率要比在塔頂時低。試驗的結果是在相對論計算的 10% 之內。1965 年，龐德及斯奈德（J. Snider）改進試驗方法，其結果更接近相對論的計算值，只相差 1%（文獻 49，頁 54）。

以上三種測量中，最重要的是星光彎曲，因為它可以被直接測定。其他兩種測量都有其他因素影響，必須先減去。這些測驗是很重要的。愛因斯坦曾說過：

"科學的主要目的是以最少的假設，用合理的邏輯，來解釋最廣泛的實驗結果。"（文獻5，頁178）

1917年，英國天文家們開始準備日食時星光彎曲的測量。那時第一次世界大戰還在進行中，英德兩國軍隊在歐洲大陸上打得你死我活，但兩國的科學家居然在合作科學試驗。

1918年11月，第一次世界大戰結束了。1919年5月29日，英國天文學家在埃丁頓（Arthur Eddington）領導之下，在兩個不同地點拍到日食的照片。5月間，有幾顆明亮的星靠近太陽，可使測量較準確。天文學家們花了4個多月的時間仔細研究照片上各星的位置。結論是，廣義相對論預料星光彎曲是對的。測驗領導人天文學家埃丁頓與英國皇家學會主席湯姆孫（Joseph Thomson, 他是電子的發現人）共同在1919年10月6日皇家學會及天文學聯合會議中報告結果。湯姆孫宣佈：

"日食觀察的結果與相對論完全符合。愛因斯坦的理論是人類最偉大思想之一。"（文獻7，頁232）

次日，日食觀察證明了相對論成為世界各地報章頭號大新聞。記者們一大早就到柏林愛因斯坦的住所訪問。愛因斯坦得到全世界的稱讚。1921年他獲得著名的諾貝爾獎金。各國大學請他講演，政治家常登門拜訪，好來塢大明星成為他的朋友，他一舉成名，成為新聞界的紅人、偉大的科學家及文化與哲學的聖賢。

1919年以後，日食時測量星光的彎曲至少有12次，其結果都與相對論相合（文獻43，頁71）。愛因斯坦曾說：

"不管有多少次的試驗證明是對的，都不能證明一個理論是對的，但只要有一個試驗證明是錯的，就可證明那個理論是錯了。"（文獻5，頁224）

直到現在，能證明相對論是錯的那一個試驗還沒有被發現呢！

廣義相對論指出萬有引力與加速度的影響是相同的。它是近代天文學及宇宙學上的重要工具。這個理論發表後，愛因斯坦開始研究電磁力與萬有引力的關係，被稱為"統一場論"。

愛因斯坦認為，要在科學上取得好的成就，其動機不能來自個人的野心，而是要來自研究者內心對科學的愛好及忠誠。他曾說：

"真正有價值的發現不是來自野心或僅僅是責任感，它是來自對別人及對事實的愛心和忠誠。"（文獻 5，頁191）

1920 年起，德國政治發生了很大的變化，開始走向黑暗與邪惡。希特勒的納粹黨興起。希特勒煽動群眾說，德國的困難是由猶太人及外國人造成的。他竭力攻擊猶太人，揚言要對付他們。後來近 800 萬的猶太人及其他種族的人被屠殺。納粹黨的科學家也公開誹謗相對論，說它是 "猶太物理" 或 "猶太謬論"。因為納粹黨科學家們的反對，並且那時相對論還沒有完全被證實，1921 年給愛因斯坦的諾貝爾獎狀上完全不提相對論，只說是因他在光電學及理論物理上的成就而得此殊榮。

愛因斯坦是一個敢說話的人。他公開反對德國希特勒的軍國主義及種族歧視政策。因為愛因斯坦的名聲大，希特勒不便逮捕他。1933 年中，愛因斯坦從加州理工學院講學後回國途中，在大西洋的船上，德國政府宣佈不歡迎愛因斯坦回國，並將他的私有財產充公。愛因斯坦忽然成為一個無家無國可歸的人了。他很難過，又氣憤。船到比利時後，他公開宣佈放棄德國公民權，並辭去柏林大學物理研究所主任職務，因為只有德國公民才可當主任。在比利時住了幾個月後，有不少國家的大學請他去當教授。1933 年底，他接受美國普林斯頓高等研究院的教授職位。他在那個高等研究院工作，直到去世。

愛因斯坦對宇宙物理現象及發現新公式一直是非常有興趣的。他認為新的理論及公式是很重要的，並說：

"我們所有的科學知識，與宇宙萬物相比，是很原始幼稚的，但它是我們人類最寶貴的東西。"（文獻 5，頁183）

1939 年他寫信給羅斯福總統（President Roosevelt）建議美國製造原子彈，因為擔心德國會先製造了原子彈。第5章內有造原子彈的經過及討論其影響。1940 年他成為美國公民。

愛因斯坦是一個和平主義者。但看到德國希特勒無恥侵略及殘忍後，他只好承認自衛是必須的。他公開支持民主自由及社會公義。他是很友善又有同情心的人，常以自己的名氣、時間、金錢幫助受害及窮困的人。他相信世界上的人們是可以和平相處的，只要人們互相尊敬。

在科學研究上，他很專心又富於自我批評精神，以了解宇宙間的奧秘。他相信宇宙的定律是單純又優美的。當他的研究越來越複雜艱難時，他就改換思路，並說："神不會這樣做的。"

愛因斯坦1905年發表的一篇文章《光的產生與傳播》，是量子力學上的重要文獻。他認為光是由個別的光子（photon）組成的。量子力學主張放射能也是由個別的量子（quanta）組成的，原子內各種情形不能完全確定，必須用統計學及或然率理論來解釋。後來愛因斯坦對量子力學產生了很大的懷疑，因為量子力學認為宇宙的現象只能以機會或然率來說明。他與物理學家玻爾（Niels Bohr）意見不合。兩人見面時常挖空心思辯論很久，但他們仍是好友。愛因斯坦對玻爾說：

"神是不玩骰子的。"（文獻5，頁172）

玻爾反駁說：

"你是誰？你不要去叫神應該怎樣做。"（文獻5，頁176）

其實愛因斯坦並沒有叫神應該怎樣做。他只是說明神的作風而已。

愛因斯坦談話中常提到神。但他不上教堂，亦沒有與宗教組織有聯繫。童年時，他很信仰宗教並且熱心參加宗教活動。在他12歲那年，他發現聖經裡有不少故事記載不可能是對的，與科學事實及原理不符合（文獻5，頁159），這使他對教會及其他權威者產生了很大的懷疑。歷史上很多的宗教戰爭是非常殘忍的。但他仍深信宇宙間的和諧秩序，及其定律的美妙和神的存在，但他不相信神會去干涉人類的行為與命運。

有許多宗教人士很相信有一位神，它會聽人們的禱告而來相助。神會干涉世人的生活與行為。他們不同意愛因斯坦的"神不管世人"的想法。波士頓主教奧康奈爾（Cardinal of Boston William O'Connell）批評愛因斯坦的"神不管世人"的觀念及他的相對論，他說：

"相對論是隱藏在無神論裡的……它是一種複雜難懂的幻想，會使我們懷疑神的存在。"（文獻7，頁413）

在這場爭論中，紐約有一位猶太教士戈爾坦（Rabbi Herbert Goldstein）在1929年發了一個短電報問愛因斯坦：

"你相信神嗎？"

愛因斯坦回電說：

"我相信斯賓諾莎（Bennedict Spinoza）的神。它顯示於宇宙萬物的和諧中，但我不相信神會關心到世人的命運與行為。"（文獻5，頁47；文獻7，頁413）

到底愛因斯坦上面的話是什麼意思呢？如果神並不關心到世人的命運與行為，那麼信仰它還有什麼用呢？愛因斯坦的意思是，他相信神創造了宇宙萬物並且包括我們，神已經將要了解神的願望放在我們人類的良心裡。我們與神之間的關係只能經過自己的良心。神並不直接干涉世人的行為。

戈爾坦教士滿意愛因斯坦的回答，並說：

"斯賓諾莎深信宇宙中萬物有神的表現，因此愛因斯坦不可能是無神派的。並且，他在研究'統一場論'，如果成功，則它在科學上相當於神學上的獨神論，不是多神論。"（文獻7，頁414）

猶太教是深信獨神論的，而愛因斯坦的神是指和諧的宇宙，從奇妙微小的原子構造，到極大星河系的秩序，都是有規律的。

並且可以被我們發現了解。他對宇宙間的規律非常欽佩。

宗教對人類社會及個人有很大影響。有史以來，所有人類的社會都有宗教的觀念與行為。還沒有一個人類社會沒有一點宗教觀念。這是因為我們的良心裡有了認識神及宇宙的奧秘的願望。有宗教及認識神的傾向，是人類與其他動物最基本的不同點。愛因斯坦的宗教是依照神給我們的良心行事。良心會指引我們道德上的對與錯，使我們能依良心的美德及公義去做。愛因斯坦又認為，我們積功德做好事可使我們的良心愉快健全。如果因此而得到好的報應，這是歸結於社會中的因果關係，並不是從天上來的祝福。然而愛因斯坦以為，相信有神要比無神派好（文獻 5，頁 155，156）。

愛因斯坦在老年時常常讀聖經。他很喜歡猶太教及基督教悅耳的音樂與歌唱。宗教一般勸人有愛心、寬容及原諒。很多宗教信徒對他人友善、慷慨、誠實及寬恕，這些都是因信神而來的。這些優良的品德也深深地融合在愛因斯坦的行為裡。但很可惜，有些宗教人士講迷信，不寬容及仇恨。這樣就害了信徒自己及社會。

1920 年以後，愛因斯坦花不少時間提倡世界和平，協助教育，寫作和講解相對論，回覆許多信件。同時他研究電磁力與萬有引力的關係，被稱為"統一場論"。

但"統一場論"是很艱深的。自1929年到1954年，愛因斯坦發表了好幾篇"統一場論"的文章，但都有缺點。然而我們不要忘記，他的相對論已經對科學做出了很大的貢獻，導致發現原子能，並可解釋宇宙中很多奧秘，成為近代天文學及宇宙學的基礎。它的應用很廣，使人類有了新的希望。相對論的應用將在下幾章內討論。

1955年4月18日，愛因斯坦去世，享年76歲。相對論是人類智慧的驕傲。他的貢獻巨大，我們以他為榮。當時美國艾森豪威爾總統（Dwight Eisenhower）說得很好：

"在這個20世紀知識突飛猛進的發展中，沒有人比他貢獻更大，然而也沒有人比他更謙虛，更了解有權威而沒有智慧的危險。在這個原子時代中，他是自由社會中個人創造力成就的模範。"（文獻2，頁126）

光速 C =
每秒 30 萬公里

03

光速的奧秘

愛氏說：“真正有價值的發現不是來自野心或僅僅是責任感，它是來自對別人及對事實的愛心和忠誠。”（文獻5，頁191）

相對論與光速有密切的關係。它原本用來解釋光的不平常性能。光速是一個永恆不變的常數。它一點也不受光源或觀察者移動速度的影響。我們日常生活工作都需要光。光太普通了，所以一般不以為奇。白天溫暖的太陽光充滿天地，使我們工作行動方便。晚上在家裡打開電燈，光立刻照滿全室，好像光速是無限快的。光速是很大，但不是無限大。

天文學家羅曼（Ole Roemer）在 1675 年最早以科學方法測出光的速度。羅曼用望遠鏡觀察木星的衛星，他發現木星會掩食它的衛星。而且其衛星從木星背後兩次出現中的時間會增長，羅曼認為這是因為在兩次出現中的時間，木星與地球之間的距離增加了。如果光速是無限大的，則木星衛星出現之間的時間應該是完全相同的，不會因光傳到地球的距離增加而改變的。從木星與地球之間的距離增加，除以木星衛星出現時間的延長，就等於光速（文獻 8，頁14）。

1729 年，天文學家布拉德利（James Bradley）發現另一種測光速方法。他用長望遠鏡觀察頭頂天空的星光，半年後觀察同一顆星時，望遠鏡的角度會改變。因為地球圍繞着太陽運行，每秒30 公里。當星光通過望遠鏡的前面大透明鏡後，要花一段時間才可到達底下的目鏡，這段時間內地球已移動一些，使星光不落在目鏡的中心。天文學家就將望遠鏡調整角度，使星光落在目鏡中心。過了半年後，地球在軌道上是反方向運行，觀察同一顆星時就需要相反調整，使星光落在目鏡中心。從這兩次觀察角度的差別及地球運行的速度，以三角幾何的方法，就可算出光速（文獻8，頁17）。

1847年，物理學家菲佐（Hippolyte Fizeau）想出一種旋轉齒輪法，可在地球上測量光速。圖3（a）顯示了他的測量光速儀器。當齒輪不動時，有一束光先經過一面半透明鏡子（half-silvered mirror），將光折射通過齒輪的空隙，照到幾十公里外的普通鏡子而返回，又通過原來的齒輪空隙及半透明鏡子而被觀察到。半透明鏡是在玻璃上很薄地塗銀，使一半的光線被折射，另一半還是可以通過。有了半透明鏡，觀察者可只看到返回光。當齒輪旋轉時，從遠處鏡子返回的光被空隙旁的齒擋住而看不見。齒輪旋轉更快，當返回光到達時，恰巧是第二齒間的空隙到了第一齒隙原來的位子，則又可看到返回光。將從齒輪到遠處鏡子來回的距離除以第二齒空隙轉到原來第一齒空隙的時間就是光速。這是第一次在地球上測到的光速，以前只有用天文方法測量（文獻36，頁999）。

1862年物理學家傅科（Jean Foucault）用一種旋轉鏡子法測

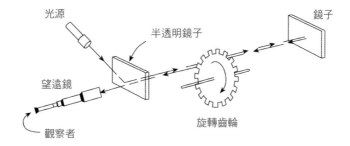

（a）菲佐（Fizeau）的旋轉齒輪法

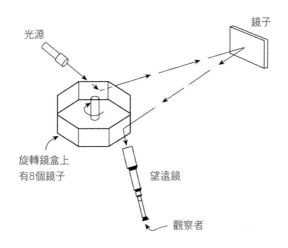

（b）傅科及邁克耳孫的旋轉鏡法

圖3　測量光速的儀器

光速。圖 3（b）表示了旋轉鏡法。在一個八角形盒子外有8個鏡子來代替齒輪。這個方法的原理與旋轉齒輪的相同。鏡盒不動時，有一束光被盒上的鏡折射到一面遠處的鏡子，從返回的光被盒上另一鏡折射到望遠鏡而可被看到。旋轉時，光被鏡子折射到別處去而看不到。當從遠處鏡子反光回來剛好是下一個第二面鏡子轉到第一面鏡子原來的位置時，反光又可看到。1880 年及1926年邁克耳孫（Albert Michelson）改進旋轉鏡法，使它更為準確（文獻 8，頁 22）。

後來至少又有18 位科學家測定光速。從1862 年以後，測到的光速都很相近，彼此相差不到1%。現在科學家公認的光速是每秒 30 萬公里。每秒鐘光可走30 萬公里之多。光速實在是很快的（文獻 36，頁 1,000）。

從這些光速的測定中發現，光有一種很不平常的性質，光速永恆不變，絲毫不受光源或觀察者移動速度的影響。這與一般速度相加或相減的結果不同。這是件很費解的怪事。

例如地球在繞太陽運行時，地球走向前方的星球，同時也離開後方的星球。但在地球上測到天空中所有的星光的速度都是一樣的。一般來說，當地球走向某一個星球，光速應該增加。半年後，地球繞太陽轉，就向相反方向走了，光速應該減少。但從地球上測到那一星光速度全年都是相同的。這表示光速不受地球上的觀察人的移動速度的影響。

在1900年前後及1913年，天文學家西特爾（Willem de Sitter）觀察雙星（double stars）。雙星是兩個質量相近的星，互相回繞它們中間的共同重心運行。它們像是一對跳舞的情侶，一直在空中打轉跳華爾茲舞。因它們靠得很近，我們眼睛往往把它們看成一個星。要用望遠鏡才能看清楚，它們是分開的。在天空中約有5%的星是雙星（文獻30，頁282）。

雙星有好幾種，有一種叫"交食雙星"，它們會輪流擋住另一顆星到地球的光線，好像日食時月亮遮住了太陽一樣。當它們分開時，雙星是在相反方向運行的，如其中一顆星朝地球走，另一顆星則以相反速度離開地球。西特爾發現，從交食雙星來的各星光速竟是完全相同的，並不因它們有相反的速度而改變。現在已發現的交食雙星有400對之多。有的雙星互相圍繞的速度是很快的，但仍一點不改變它們的光速。這與我們平常速度加減法不同。例如在一艘船上有人向前走動，岸上看到這人的速度是船速加上走速。但船上的光速一點不受船航行的影響。岸上人測到船上光的速度都是一樣的，不管船是停了，或是在任何方向、以任何速度航行。這是很令人費解的。

邁克耳孫對測量光速有着終生的興趣。因為他非常謹慎仔細，他所測定的光速被公認是最準確可靠的。有一天，他在火車鐵路上巡視，想找一個測光的好地方。一位鐵路工作人員看見，問他：

"你在幹什麼？"

"我在找一個測量光速的好地方。"邁克耳孫回答。

"為什麼有人要去測量光速呢？為什麼？"鐵路工人以不相信的口氣又問。

"測量光速是一件非常有趣的事。"邁克耳孫説。

邁克耳孫在克利夫蘭（Cleveland, Ohio）的西李善夫大學（Case Western Reserve University）教物理。他與同事莫雷（E. Morley）合作，設計出一套新儀器，可證明以太的存在。圖4顯示了他們的儀器。在桌面上把一束光用半透明鏡（half-silvered mirror）分為90°角相交的兩束光。一束在地球運行的方向，另一束在其90°角的橫方向。如果以太存在，數學上可證明，地球移動時，會對這兩束90°角相交的光速有不同的影響，使兩束光速度不同。這儀器可測量到這兩束光速度之間很小的差別。他們測量了很多次，把桌面轉到不同的方向，在不同的時間及不同季節做試驗。

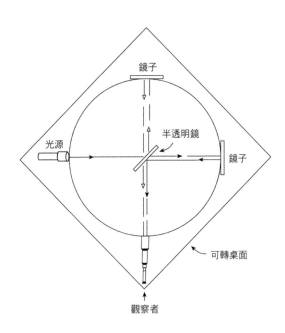

圖4　邁克耳孫與莫雷的儀器（簡化圖）

不料，他們測量不到這兩束光速度的任何差別。光速是一定的，不受地球運行的影響，也就表示以太並不存在，或是地球是完全不動的。地球怎麼可能是不動的呢？測量結果使他們大失所望。重複做了很多次，結果都是一樣。1881 年及1887 年，他們將這意料不到的結果發表了（文獻 36，頁1,092）。

　　地球的運動可以分解成多種不同的部分。首先地球每天自轉一次，在克利夫蘭實驗室，自轉的地面速度可計算出來，是每秒0.31公里。方向時時在改變。中午是朝東，半夜向西。其次，地球在繞太陽運行，每秒是30公里。方向也隨時在變。太陽又帶動地球繞銀河系中心運行，每秒200公里，銀河系中心也在宇宙間移動。地球有這樣多不同的運動，怎麼可能會經常互相抵消了使地球不動呢？地球是在運動的！但對地球上的光速沒有一點影響。

　　科學界對邁克耳孫及莫雷的實驗結果大為困惑。想出了不少解釋方法來挽救以太的構想，但都不能自圓其說。其中最有名的是洛倫茲及菲茨傑拉（Lorentz and Fitzgerald）的長度縮短假說。他們以為當邁克耳孫及莫雷的桌子被地球帶動時，桌子撞上了以太而使其長度縮短一些。這種假說可以解釋邁克耳孫及莫雷的實驗，但很勉強。以太是被認為沒有質量的。為什麼當桌子撞到一種沒有質量的東西會縮小些呢？1905年愛因斯坦把這個謎解開，以太的存在也同時被否定了。愛因斯坦是如何解開這個謎的？

愛因斯坦喜歡將一個問題放在腦子裡琢磨思考很久。在思想中找到答案後，才寫下來。這可稱為是"思想實驗"（thought experiment），也可叫做"專心的白日夢"（focused day dreaming），他常想："如果我能乘上光速遠行，我所看到的環境會變成什麼樣子呢？"

在專利局下班後，他乘街車回家。當車離開站時，他看到站上的時鐘是下午6點。他想像：如果車以光速開走，他看到站上的鐘會成為什麼樣的呢？當街車以光速離開，6點鐘以後的光線已經趕不上他了。因之他會看不到6點以後長針的移動。他看到站上的鐘會停在6點。但他的手錶及街車內的鐘仍是照常走的，例如已到6點15分了。圖5顯示了上述的觀察。他在光速快車裡，看到站上的鐘 A 會停在6點，而車內的鐘 A' 照常走動，已到了6點15分。

如果街車比光速慢一些，則站上鐘 A 的光可趕上他，但會遲些，因光要花時間才能趕上他。在街車裡的人會看到鐘 A 是慢慢走的，街車內的鐘 A' 是照常走的。

從另一觀點看，站上的人見到光速快車離去時，會看到相反的情形。圖 6 顯示站長看到光速快車裡的鐘 A' 停在 6 點，因 6 點以後，車內的光線已不可能傳回來照到他了。然而站上的鐘 A 及他的手錶是照常走的，例如已到了 6 點 15 分。站上的鐘及一切生活不會因街車離去而改變的。

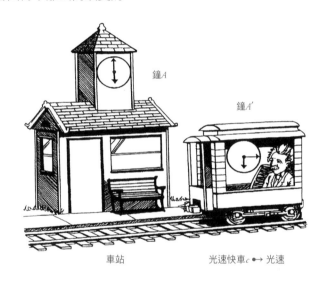

圖5　光速快車內的愛因斯坦看到站上的鐘停了

站上及街車中的人都看到對方的鐘停了，但他們自己的鐘是照常走的。站上人看到街車離去，而街車內的人看到站退遠了。

站與車之間是有相對移動的，在有相對運動的地區內，他們的時間是不同的。

　　後來愛因斯坦想清楚了，從站上的人來看，在車裡的時間真的要比站上的時間慢了。不但時鐘慢了，車裡所有的化學、生物作用都要比車站上的慢。愛因斯坦想出數學公式來代表這種觀念，並從中導出新的公式。這些公式不但能計算出車裡時間的變慢程度，還能表示街車的長度會縮短，並與洛倫茲及菲茨傑拉的長度縮短假説相同。

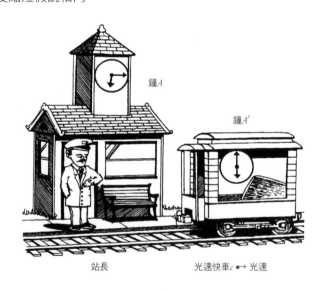

鐘 A

鐘 A'

站長　　　　　　　光速快車 c ⟶ 光速

圖6　站長看到光速快車內的鐘停了

因時間與相對速度有關，普朗克最先稱愛因斯坦的理論為相對論。1916 年愛因斯坦發表廣義相對論，1905 年的這一理論則被稱為"狹義相對論"。

愛因斯坦成名後，邁克耳孫常常擔心："如果我的實驗做錯了，那怎麼辦呢？"他繼續不斷地小心做光速測量試驗。其實他可不必太擔心，因他非常仔細謹慎。同時又有西特爾測定雙星光速相同的結果，也是光速不變的有力證明。邁克耳孫與莫雷的實驗原來是一大失敗，卻因此引進了重要的相對論，而成為一大成功。

後來邁克耳孫成為加州理工學院的教授。該學院院長宓立根（Robert Milliken）測定電子場的強度，還證實愛因斯坦的光可撞擊出原子內電子的理論（photo-electric effect）。在1930 年到1933 年，宓立根每年都請愛因斯坦去他的學院講學數月。加州理工學院位於帕薩迪納市（Pasadena），離好萊塢不遠。那時間好萊塢的大明星常請愛因斯坦去參加電影首演式。其中包括喜劇大師卓別林的電影叫《都市之光》（City Lights）。愛因斯坦很欣賞卓別林的電影（文獻47，頁122）。

1905 年狹義相對論發表不久，愛因斯坦進一步想出他最有名的公式，能量等於質量乘光速平方：$E=mc^2$。下一章將討論這一重要公式的應用。

愛因斯坦及其相對論

1公斤＝250億千瓦小時

04

原子能

愛氏説："不管有多少次的試驗，都是不可能證明一理論是對的。但只需要一個試驗，就可以證明那理論是錯了。"（文獻5，頁224）

愛因斯坦的公式 $E = mc^2$，能量等於質量乘光速的平方，表示在物質裡有很大的能量。到底有多大呢？以國際度量單位來計算時，物體的質量單位是公斤（kilogram），長度單位是米（meter），能量單位是瓦秒（watt × second），又被叫做焦耳（Joule）。

光速很快，每秒是300,000公里，換成米是300,000,000米。這樣大的數字常以指數來表示有多少零位。例如300,000,000米，以指數表示是 3×10^8 米，在 3 以後有 8 位零，即 3 億米（億= 10^8）。所以光速是：

$$c = 3 \times 10^8 \text{ 米 / 秒}$$

指數是代表有多少十倍的。當兩個指數相乘時，等於它們的指數相加。根據愛因斯坦公式 $E = mc^2$，在 1 公斤的物質內，含有的原子能是：

$$E（瓦秒）= mc^2 = 1（公斤）\times（3 \times 10^8 \text{米 / 秒}）^2$$
$$= 9 \times 10^{16}（瓦秒）$$

這是很大的能量。值多少錢呢？電力公司是以千瓦小時來算賬的。為要計算價值，應將瓦秒換成千瓦小時。1小時內有 3,600 秒，千瓦是1,000 瓦，所以：

$$1（千瓦小時）= 1,000（瓦）\times 3,600（秒）$$
$$= 3,600,000（瓦秒）$$
$$= 3.6 \times 10^6（瓦秒）$$

在 1 公斤的物質內的原子能是：

$$E = 9 \times 10^{16}（瓦秒）$$
$$= 9 \times 10^{16}（瓦秒）\frac{1（千瓦小時）}{3.6 \times 10^6（瓦秒）}$$
$$= 2.5 \times 10^{10}（千瓦小時）= 250 \times 10^8（千瓦小時）$$

一億等於10^8。僅僅 1 公斤的物質內竟有250 億（千瓦小時）的能量。這是很大的能量，可供1,000 萬人口的大都市 1 年供電燈耗用。

這樣大的電能值多少錢呢？在華盛頓州，2010 年家用電費是每千瓦小時美金 1 0 分（＄0.10）。每千瓦小時是多少電呢？將 1 百支光（即100 瓦）的電燈開亮10 小時，就用了1千瓦小時，要付給電力公司１０分錢。說起來，以它使用的功能方便，１０分錢（＄0.10）還不能算是太貴的。

則 1 公斤物質內原子能值：

$$2.5 \times 10^{10} \text{（千瓦小時）} \times \frac{\$0.10}{\text{（千瓦小時）}} = \$25 \times 10^8，$$

1 公斤的物質內的原子能居然可值 25 億美元之多。一般家庭的傢具房子，至少有 1 噸（1,000 公斤）的物質，其原子能竟值 25,000 億美元之巨。

美國《財富》雜誌（*Fortune Magazine*）報道，美國最大的富翁是蓋茨（Bill Gates）。他是電腦微軟公司（Microsoft Corporation）的創辦人及老闆。他擁有的微軟公司股票值 250 億美元之多。但只是普通家庭裡 1,000 公斤物質內原子能的價值百分之一。當然這樣說法不完全正確，因為他在湖邊的 5,000 萬美元的大房子裡也有很多物質。

原子能比化學上的燃燒能大多少呢？要得到 1 公斤原子能的 250 億千瓦小時，需要燃燒 30 億公斤的煤，或 6 億加侖（1 加侖

= 3.78升）的汽油。可見原子能是非常可觀的。

但是，利用原子能不是容易的事。只有兩種方法，一種叫分裂（fission）法，另一種叫熔合（fusion）法。

分裂法是將重金屬的大型原子核撞碎分裂。分裂後有一部分質量變為能量。熔合法是將輕物質的小型原子核聚合，熔合後有一些質量也成為能量。這兩種方法都被用來製造原子彈。原子能發電的和平用途中，目前只可以用分裂法。

分裂法是用在重金屬上，例如鈾（uranium）及鈈（plutonium）。所有的物質都是由原子組成。每一個原子內有原子核，四周有高速電子圍繞着。核子內有中子及質子。中子沒有電性，質子帶有正電，電子帶負電。在原子裡質子與電子的數目是相同的。正負相吸才能將電子拉住，使電子在核子外圍以高速圍繞原子核運行。

鈾是重的原子。鈾核很大，內有92個質子及146個中子，還有其他各種微粒。核子外圍有92個電子。質子帶有正電，當核內有很多質子時，它們會同性相斥，互相排擠而不穩定。有的質子會被擠出來，並帶走一些中子及其他微粒，成為有放射性的物質。鈾原子經常會放射出中子。當一個中子撞擊到另一個鈾核時，可將原子核撞碎分裂，有一部分物質變成能量，同時放出幾個中子。這些中子又去撞其他鈾核，形成連續不斷的分裂。當鈾量不多或不純，這種分裂會自然停止。如果有足夠的純鈾突然放在一起，這種連續不斷的鏈式反應（chain reaction）越來越多，就會形成大爆炸。1945年投在日本的兩個原子彈就是利用了分裂法，一個用鈾（uranium），另一個用鈽（plutonium）製成的。

熔合法用在輕物質上。氫氣（hydrogen）是最輕及最簡單的原子。氫核內只有一個質子，其外圍也只有一個電子。在極高溫1,000萬攝氏度（$10^7°C$），氫原子會高速互相碰撞而合成氦（helium）。在合成時，有一部分氫物質變成為熱能。有一種氫叫做重氫（heavy hydrogen or deuterium），它的核裡比普通氫核多了一個中子。重氫比較容易熔合，成為氫原子彈的材料。重氫可從海水中提取。

熔合法必須要有高溫，所以被稱為熱核原子彈（thermonuclear bomb）。這高溫是從分裂的鈾原子彈形成的。1952年美國在太平洋上試驗氫原子彈成功。氫彈的威力可比鈾彈大幾千倍之多。幸好氫彈還從來沒有用在戰爭上。

原子能發電的和平用途目前只能用分裂法。幾次原子能電廠失事後，很多國家已不再造新的原子能電廠了。分裂原子發電又會產生許多放射性的廢物，它的清理保存都是很困難的。

熔合法很少產生放射性的廢物。它用的氫氣是很普通的物質。但熔合法需要極高溫度（$10^7℃$），才能將氫熔合成氦，需要有一個容器來控制熔合過程，但沒有什麼容器能耐得住這樣的高溫。目前的想法是，用強磁場將高溫氫的離子體（plasma）壓縮在容器中心，使之遠離容器壁。或用激光（laser）集中一點來產生高溫。如果熔合法控制的問題能夠解決，它可以產生很多能量，並很少有放射性廢物問題，對我們解決能源問題會有很大的幫助。

根據相對論，物質內有很大的能量，用於軍事上的可能性是很明顯的。下一章將討論原子彈的發展過程及其影響。

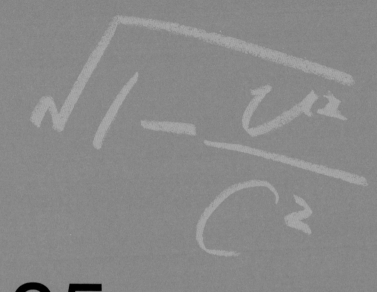

05

愛因斯坦與原子彈

愛氏説：" 從事科學研究工作，要得到真有價值的好結果之機會是很少的，所以只有一條出路：花多半時間在實際工作上，用其餘時間來學習研究。" （文獻5，頁180）

愛因斯坦離開柏林大學威爾漢物理研究所（Kaiser Wilhelm Institute of physics）後，他以前的同事及學生繼續研究原子能。其中有哈恩（Otto Hahn）與女物理學家梅特娜（Lise Meitner）。他們在1939年分裂鈾原子成功。後來梅特娜與弗里奇（Fritsch）發現原子分裂的鏈式反應（chain reaction），當一原子被中子（neutron）撞擊分裂，會放出更多的中子，使其他原子分裂。這樣連續下去，使很多原子分裂而成為大爆炸。這些是造原子彈的基本要素。德國政府下令不准鈾出口，以囤積造原子彈的材料（文獻2，頁118）。

梅特娜是猶太人。當她聽到德國特務警察已到宿舍來抓她下集中營時，她帶着研究記錄立刻逃走了。她逃到荷蘭見到玻爾（Niels Bohr）。玻爾是那裡的理論物理研究所主任，又是量子物理學家。玻爾將梅特娜的研究記錄轉給在美國的費米（Enrico Fermi），因為他也在研究原子分裂。後來梅特娜去瑞典，在那裡繼續研究原子能的鏈式反應。

費米是意大利人，曾獲得1938年的諾貝爾物理獎。1939年他在紐約的哥倫比亞大學研究原子分裂。費米與同事齊拉（Leo Szilard）看到梅特娜的研究記錄後，就擔心德國將先製成原子彈。那時大獨裁者希特勒正在征服歐洲大陸。齊拉是匈牙利的猶太人，他曾是愛因斯坦在柏林大學的學生、後來同事。他與愛因斯坦一起合作研究，得到過好幾個發明專利權。另有兩位匈牙利來的物理學家特勒（Edward Teller）及維格納（Eugene Wigner）也願意幫助。他們認為自己在美國政府面前沒有份量，就一起來找愛因斯坦，請他寫信給羅斯福（Franklin Roosevelt）總統，建議美國製造原子彈，以應付德國有原子彈的可能性。齊拉準備了信的初稿，請愛因斯坦過目，如同意後即可簽名。愛因斯坦很猶豫地説：

"這會有什麼用呢？我從來沒有遇見過羅斯福總統，他並不認識我。"（文獻 2，頁10）

齊拉和他的朋友就會心地微笑着説：

"所有人，包括羅斯福總統在內，都知道你，而且很尊重你。"（文獻 2，頁110）

當時愛因斯坦説他要想一想，幾天後才能決定。因為這件事很嚴重，原子彈是可能毀滅世界人類的。齊拉將信留下來，幾天後愛因斯坦簽了字，將信寄回齊拉。信中説德國原子彈的研究大有進步，並已在囤積鈾材料，因此有製造原子彈的可能。愛因斯坦建議美國政府研究原子能的和平用途及製造原子彈，以對抗德國原子彈的威脅（文獻7，頁556）。

　　齊拉為避免愛因斯坦的信被混在政府大量的文件中而只被總統下屬輕易應付，他請朋友亞歷克斯・薩克斯（Alex Sachs）親自將信交給總統。薩克斯是經濟學家，與羅斯福總統是非常好的朋友，他與總統經常互相以小名稱呼。薩克斯等了兩個多月才有機會見到羅斯福總統。

　　1939年10月11日午後下班之前，薩克斯終於見到羅斯福總統，他將愛因斯坦的信當面呈上。總統已顯得很累，薩克斯就說：

　　"您可靠在大椅子上休息，我將信朗讀出來。"

　　當羅斯福聽到後，就打斷亞歷克斯的讀信，說：

　　"亞歷克斯，你的要點是不是認為，納粹德國會把我們炸光！"（文獻7，頁558）

　　亞歷克斯點頭表示同意。羅斯福總統非常重視國家安全。羅斯福是一位英明的領袖。他設立了委員會，負責研究愛因斯坦的信及提供意見給他。布里格斯（L. Briggs）是委員會主席，他是美國標準局主任。會員有國防部軍人代表和物理學家齊拉、特勒及維格納。愛因斯坦是建議人，所以不可以參加委員會。以後委員會擴大包括各大學原子能研究代表時，曾請愛因斯坦加入，但他沒有答應。齊拉在幕後推動美國開展原子彈研究做得很成功。

1940 年及 1941 年，美國科學家們初步研究證明了原子彈的可行性。1941 年 12 月 7 日，日本偷襲美國海軍基地珍珠港，促使美國加入第二次世界大戰。製造原子彈一事變得更加緊迫。1942 年製造原子彈大規模的計劃制訂。為防軍事機密洩漏，所以不提原子彈，而將該計劃放在美國陸軍部曼哈頓地區的工程師團名下，稱為曼哈頓計劃（Manhattan project）。工程師團主要是為人民做防洪及水運交通工程的。

奧本海默（J, Robert Oppenheimer）是這個計劃的科學技術領導人。1942 年 12 月 2 日，費米與齊拉及其他同事們在芝加哥大學試驗可控制的鈾原子鏈式反應成功後，就開始建造大規模的工廠以提煉原子彈的材料鈾及鈈。這些材料的提煉是很困難又費時的。原子彈本身的機械構造也是不容易的。1945 年 7 月 16 日在新墨西哥州沙漠第一次試驗原子彈成功。同年 8 月 6 日及

9 日，兩個原子彈一個用鈾，另一個用鈈製成，投在日本兩座城市。曼哈頓計劃一共花了四年的時間才完成。

　　雖然愛因斯坦沒有直接參加曼哈頓計劃，他仍是與原子彈有關的。不可否認，愛因斯坦的公式 $E=mc^2$ 是原子彈的理論根據，並且他曾寫信給羅斯福總統建議製造原子彈。如果他沒有寫信給羅斯福總統，情形會變成什麼樣呢？當然這是誰也不可能確定的事，只能猜測一下而已。美國以後仍是會造原子彈的，但其完成的日期很可能會延遲了。從 1930 年初開始，德、法、英、美及意大利各國都在做原子能分裂研究。這些研究工作遲早會引進原子能及原子彈，不管愛因斯坦有沒有給羅斯福總統寫建議信。

　　1919 年後，愛因斯坦已是舉世聞名的物理學家。1922 年，愛因斯坦被請到日本，作為期 6 個星期的巡迴講演。大群民眾前去歡迎他。他有三次對大眾的演說，每次竟有兩千多人參加。講演都有日語同時翻譯，長達 4 小時之久。愛因斯坦對日本人民的友好及文化有極深刻的印象。1945 年 8 月原子彈炸毀了兩大日本城市及造成巨大的生命損失，使他很難過。他很後悔寫信給羅斯福總統建議製造原子彈，並警告原子彈有毀滅世界的可能。第二次世界大戰後，有一批日本學者到普林斯頓訪問他。他向日本學者流淚道歉說：

"如果我知道原子彈會用在平民城市上，我寧願去當臭皮匠[1]。"

1945 年 5 月德國已經投降。日本軍隊在亞洲節節敗退。當年 7 月，盟軍攻佔了日本沖繩島。但雙方損失慘重，雙方一共陣亡 183,000 人。後來投在日本的兩顆原子彈死亡合計有 136,000 人。其中有 106,000 人當時被炸死，後來又有 30,000 人因傷病去世。沖繩之役的生命損失比兩個原子彈造成的傷亡更大。

沖繩戰爭中，盟軍已開始做大規模進攻日本本土的準備。如果實行，雙方傷亡損失會更慘重。盟軍估計自己的損失將是傷亡 100 萬人之多，其中約 15 萬人陣亡。估計雙方的生命損失將達 150 萬人，比兩個原子彈造成的生命損失大了 10 倍以上。另外還有在中國及東南亞戰場的損失。

1945 年 8 月 6 日及 9 日，兩個原子彈炸毀了日本兩座城市，第一個在廣島，第二個在長崎。因一個原子彈就造成這樣大的損失，使日本天皇決定和談。在第二個原子彈投下的次日，8 月 10 日，日本政府開始與盟國和談。8 月 14 日，日本天皇宣佈投降。

---

〔1〕皮匠是那時歐洲的口語。指一工作可夠生活，但沒有聲望。

很明顯，原子彈使第二次世界大戰提早結束了。如果製造原子彈的日期延遲 6 個月，登陸攻擊日本本土之戰已過，可能戰爭已結束了，就沒有用原子彈的必要了。但戰爭的傷亡痛苦會增加很多。從這一觀點推測，在那時用原子彈是對的，它減少了很多生命損失及痛苦。

原子彈使第二次世界大戰很快結束。世界各國都知道原子彈的可怕威力，各國更努力合作。例如成立聯合國及同意不製造原子武器公約（Nuclear Non-proliferation Treaty）。所有簽字的國家，都同意不製造原子武器，同時美國答應如果簽約國受到原子武器攻擊時，美國會幫助保護。絕大多數的國家都簽了那個公約。有少數國家沒有簽。目前世界上只有 7 個國家有原子彈。如果沒有不製造原子武器公約，更多國家會有原子彈。第二次世界大戰以後，又有國家間發生戰爭。如果很多國家有了原子彈，就會在這些戰爭中使用，這是很危險的，它可使有些國家被毀滅，或引起另一次世界大戰。

太陽是一個巨大的氫原子彈，它是地球上能量的主要來源。下一章將討論愛因斯坦的公式 $E=mc^2$ 在太陽及天文學上的應用。

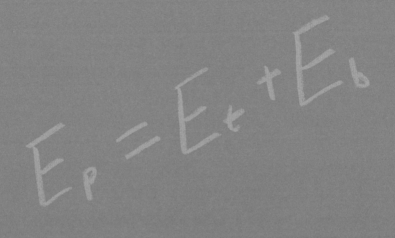

$$E_p = E_t + E_b$$

06

太陽會照亮多久呢？

愛氏説：“要尊敬每一個人，但不要偶像化地崇拜任何人。”

（文獻5，頁135）

太陽光發出很大的能量已經很久了。地質學家估計，太陽已經發了45億年。這樣大的能量是從哪裡來的呢？太陽還可以再亮多久呢？愛因斯坦的公式 $E=mc^2$ 可以解答這些問題。

太陽的質量很大，共有 2×10^{30} 公斤。如果太陽在燃燒煤或油，根據每天消耗的能量，它只能燒 5 年。那麼太陽早應該熄滅黑暗了。太陽能燃燒這麼久，曾是科學上的一個謎。當愛因斯坦導出了有名的能量與質量公式 $E=mc^2$ 之後，很明顯，太陽及所有天上的星是在用熔合原子能。氫氣是宇宙中最普通的物質。太陽本身的引力將氫原子壓縮集中起來。在太陽中心溫度高達攝氏 1,500 萬度（$1.5 \times 10^7 {}^\circ C$），氫就可熔合成較重的氦。有一部分氫變成能量，成為熱與光照向各方。

估計再過 50 億年，太陽的氫大部分會熔合成較重的氦。氦需要更高的溫度，才能熔合成碳（carbon）。因氦較重，其引力會更強，使太陽中心壓力加高。當氣體壓力增高時，按氣體定律，溫度就會自動提高。當太陽大部分是氦時，其中心溫度會增高到現在的10倍，達到一億度（$10^8 {}^\circ C$）時，氦就熔合成更重的碳。然後因較強的萬有引力會產生更高的溫度而將碳熔合成氮（nitroqen），如此重演累進到氧（oxygen）等等更重物質，一直到鐵。在高溫中，所有物質都成為氣體。

當太陽的氦開始熔合時，因溫度增高，它將成為一個大氫原子彈而膨脹，使直徑擴大100多倍。因膨脹過大，其表面溫度反而會降低，使太陽表面顏色從現在的高溫白色變成低溫的紅色，而被叫做紅巨星（red giant）。

如一顆星有與太陽相同的質量，原子熔合會循序成為較重的物質直到成為鐵（iron）。熔合成鐵所消耗的能與產生的能是相等的，所以並沒有多餘的能發生。一旦太陽沒有熱能來源時，它會開始冷卻縮小。縮到最後會使太陽中心具有很高的壓力。高到將原子外層電子殼壓潰了，使電子不再在核子外旋轉，電子與核子成為沒有規則並且密度很大的混合物叫做白矮星（white dwarf）。以後漸漸冷卻暗淡成為黑矮星（black dwarf）。太陽的活動就到此結束了。

如一顆星有10倍太陽的質量，熔合過程中溫度會升高得很快而引起超新星爆炸（supernova explosion）。大爆炸時有極高溫及壓力，會將鐵熔合成更重的金屬，如金、鉑、鈾等等散佈於宇宙中。然後又被萬有引力聚集起來，成為另外星球的一部分。大爆炸的中心壓力更大，將電子（electron）、質子（proton）再加上中微子（neutrino）壓成中子（neutron）。中微子是無電性的微粒，它與形成中子有關。大爆炸的中心都會有一個極密的中子星

（neutron star）。

如果一顆星球有太陽 30 倍以上的質量，大爆炸的中心可能成為一個黑洞（black hole），由星球的旋轉率和爆炸時物質分散多少而定。黑洞的引力極強，連光都跑不出來。

當太陽成為一個紅巨星時，外表直徑增加到現在的100倍。白天太陽幾乎佔滿了天空。這種情形是很嚇人的。雖然太陽表面溫度低了一些，但因太陽面積增大幾萬倍，離地球又近，太陽照到地球上的能量過多致使地面太熱了，地面上的水變成蒸汽，海洋成為沙漠，我們不可能在此生存了。世界的末日來臨。估計50億年後，太陽會變成可怕的紅巨星。

那時我們如何逃生呢？唯一的生路是移民到太陽系以外適合我們生存的行星上去。所幸的是我們銀河系就有1,000億個發亮的恆星。每個恆星附近常有好幾個行星。太陽是一顆普通大小的恆星，在離銀河系中心四分之三的外圍區中。宇宙中至少有1,000億個不同的銀河系。有的還沒有被發現呢。宇宙大極了，宇宙中的行星多得難以計算。我們的機會不少，但要移民到太陽系以外可供我們生存的行星上去不是件容易的事。

太空的探險在1957年已經開始。1996年太空人露西（Shannon Lucid）在俄國太空站米爾（Mir）上住了6個月。米爾在運行地球外的軌道上已有十多年了。在米爾站上太空人做各種不同的試驗，研究長期太空生活的影響。

　　1996年8月，美國太空局（NASA）及聯邦政府共同宣佈從火星（Mars）來的隕星石上發現有原始生物的化石。宇宙中各行星上可能有許多各種不同等級的生物存在。美國太空局在1996年11月發射了火星探察器，目的是尋找火星上生物的證據。該探察器已於1997年7月4日順利降落火星，傳回許多清楚照片及巖石資料。美國太空局將來計劃再發射6個火星探察器。俄羅斯及日本也在協助火星的探察工作。1996年底，一顆人造衛星發現在月亮的背面可能有冰池，1996年太空探察的收穫不少。

　　1995年天文學家第一次發現太陽系以外一顆恆星附近的行星。之後天文學家們更積極尋找行星，到2000年底，一共找到400個太陽系以外的行星。將來會找到更多的行星。

　　離太陽最近的恆星叫比鄰里（proxima centauri）。它離我們有4.3光年。一光年等於 9.5×10^{12} 公里。離我們10光年之內已發現有7顆恆星，13光年內有25顆恆星（文獻13）。去這樣遠的地方不是容易的事，需要有更好的通訊設備、探察器及載人的太空船。記得哥倫布嗎？當時他橫渡大西洋到新大陸是很困難的事，但他居然成功了。

幸好相對論指出，當太空船速度快到近光速時，在太空船裡的時間會比地球上的時間慢。10 年的太空旅行可在宇航員的生物時間一年內完成。在理論上我們一生中可以去宇宙間很遠處、幾兆光年之外的地方。時間怎麼能變慢的呢？這問題將在下一章討論。

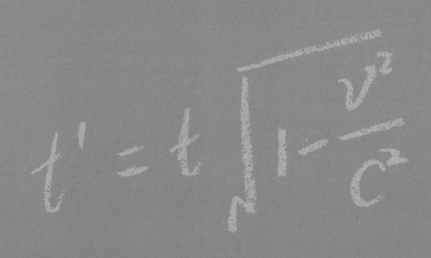

$$t' = t\sqrt{1 - \frac{v^2}{c^2}}$$

07

時間可變慢嗎？

愛氏說：“不要去做違背良心的事，即使政府要你去做。”

（文獻5，頁197）

相對論的公式表示，當速度增高時，時間會變慢。其實，時間變慢是常有的事。例如，冰箱裡的食物可保存很久而不壞，就是時間因溫度低時而變慢的結果。

有的牛奶盒子外印有一個溫度計，表示牛奶在不同溫度下保存多久而不壞。在室內溫度下，牛奶只可存 8 小時。但如放在冰箱裡，牛奶可存10 天不壞。對在冰箱裡的牛奶來説，它的時間是變慢了很多。

在低溫下，化學反應及細菌活動都慢了，使牛奶能保存很久不壞。所有的物質都是由原子組成的。原子中心有一個重的核（nucleus），外圍有一些輕的電子（electron）以高速圍繞核旋轉，每秒竟有幾兆次之多。電子的速度與溫度成正比例。高溫時電子速度快，低溫時就慢了。電子的速度決定化學反應的快慢。當溫度低時，電子的速度減少，化學反應就慢了。生物的新陳代謝是一種化學過程。電子速度慢時，生物新陳代謝以及時間都變慢了。

這並不是説可將人留在冰箱內使時間變慢以做太空旅行。因冰凍會傷害細胞而使人醒不過來。根據相對論另有一種方法可使時間變慢而不會傷害細胞。相對論説，物質速度增高也可使其時間變慢。

當太空船離開地球航行，它的時間比地球上的時間要慢。相對論的公式可計算出太空船上時間變慢的程度。第 11 章內相對論導出這一個時間變慢的公式：

(62)

$$t'=t\sqrt{1-\frac{v^2}{c^2}}$$

其中，t' 是太空船上的時間；

　　t 是地球上的時間；

　　v 是太空船的速度；

　　c 是光速，為3×10^8米／秒。

如果太空船以高速每秒2.985×10^8米航行，則：

$$t'=t\sqrt{1-\left(\frac{2.985\times10^8}{3\times10^8}\right)}=0.1t$$

上式表明，太空船上的時間只是地球上時間的十分之一。從地球上觀察，船內所有鐘錶及乘客的生活都變慢，連船上人的心跳及年老過程都會慢。假如那船離開地球十年。它回來時地球上人們已過了十年，但船上人只覺得過了一年。船上人的生理年紀比地球上的雙胞胎兄弟要年輕 9 歲。

將太空船的速度增加到每秒 2.985×10^8 米是很不容易的事。目前科學技術尚做不到。需要有很大的能量才能把物質推到這樣快。高效率的原子能推動機尚待發明。無人的探察器可先進行調查探測其他行星。若找到一個可供我們生活的行星，可能會引起太空移民風潮。發現適宜的行星是一大關鍵。很可能要探測幾百或幾千個行星，才能找到適合於我們生活的行星。

我們會有多少時間來找到新大陸及研究出太空運輸與移民的技術呢？太陽在 50 億年後將變成一個嚇人的紅巨星，那時我們不可能在這地球上生存了。50 億年是一段很長的時間。我們在6,000 年內從石器時代進步到原子時代。有記錄的歷史只有 5,000年。電腦開始不到 50 年，已進步到計算速度高達每秒 1 兆次。50 億年之後，我們應該能夠進步到可去遠處太空旅行。

但人類有許多危險。冰河是其中之一。冰河開始的原因還不清楚，大概由於大氣中溫室（greenhouse）氣體的影響，或太陽能的變化。溫室氣體如二氧化碳可保留住地上的熱，使它少放散出去。當二氧化碳減少時，地球因熱散失過多而冷卻。過去有一次冰河期，許多冰堆積在陸地上，使海水比現在低了120米。陸地上廣大冰面將太陽光反射掉，使地上更冷。有的冰河期長達一百萬年之久。如果冰河期再開始，將是一大天災。以前的冰河期間，在熱帶並不冷，我們或許可以搬到熱帶或用原子能取暖。

另一危機是大隕星。過去曾有大隕星而引起大量灰塵散佈空中，改變了地球上的氣候。非常大的隕星甚至可使地球改道。大隕星多半可被我們預先發現。或許我們可用原子彈炸裂它或使它改道。但是極密又重的白矮星、黑矮星、中子星及黑洞是很難被發現的。雖然大或重的隕星與地球相撞的機會不大，但仍可能在50億年中發生。

人類最嚴重的危險來自我們自己。歷史上有許多次的戰爭。隨着科學進步，戰爭越來越可怕。20世紀內曾有兩次世界大戰，另有許多國與國之間的戰爭及內戰。破壞性極大的原子彈首先用在第二次世界大戰。現在有些國家已有威力比鈾原子彈要大了幾千倍的氫原子彈。愛因斯坦很清楚原子武器的危險，他花了不少時間促進世界和平。他相信世界上的人可以和平相處，如果人們互相尊敬。

戰爭的起因很多，例如宗教、種族、政策、聯盟、土地、資源、領袖、復仇等等。這些因素走了極端就會出大問題。怎麼可能以宗教為名來屠殺人民呢？但這種事發生過許多次。有的宗教、種族、政治思想的狂熱者是很殘忍的，他們是人類的災難。宗教及種族上的衝突會造成長期的戰爭，使許多人們受到很大的苦難。有些領袖很會欺騙民眾，使他們盲目跟從去作戰，甚至於自我犧牲。世界上充滿了各種仇恨，戰爭常常發生。愛因斯坦經常支持世界和平、自由民主及社會公義。

在個人方面，要小心，有的組織偶像性地崇拜他們的頭領。他們用各種方法，使你失去獨立自尊心而盲目服從。愛因斯坦說：

"要尊敬每一個人，但不要偶像化地崇拜任何人。"（文獻5，頁135）

盲目跟從是很危險的。個人的行為，特別是不合理且殘忍的作為，做的人仍是要負責的。愛因斯坦說過：

"不要去做違背良心的事，即使政府要你去做。"（文獻5，頁197）

我們的腦海裡常會有黑暗的思想，要注意預防。如果任由這些黑思想逗留，到了某一程度，它會控制我們去做很不對的事。我們必須自我反省內心的思想，否定邪惡的念頭，要依照自己的良心行事。

　　太空移民是很困難的事。需要搜索許多星系才可能找到適合我們居住的行星。這要許多國家一起合作努力。希望有一天我們能移民到其他星球上去。

　　相對論在天文學上有很廣的應用。愛因斯坦的公式 $E=mc^2$ 表示物質內含有很大的能量，可被我們利用在太空探測與移民上。下一章介紹愛因斯坦這個最有名公式的最簡單推演方法。

$$E = mc^2$$

08

能量與質量公式 $E=mc^2$

理想力比知識更重要。

這是愛因斯坦最有名的公式，在1905年推演成功。愛因斯坦考慮一種物質向相反方向發出兩束光，用了麥克斯韋（James Maxwell）的光動量（momentum）公式及狹義相對論，先導出了質量增加公式，然後才得到 $E=mc^2$。原來的推演過程是比較複雜難懂的。

光由快速的光子組成，高速光子是有能量的，雖然當光子靜止時，它並沒有能量。公式 $E=mc^2$ 表示能量與質量是相同的。光是有能量的，因之也有質量。所以它可被太陽的萬有引力彎曲。

根據光有質量，公式 $E=mc^2$ 可以有一個很簡單的推演法。仍是先用麥克斯韋的光動量公式（文獻36，頁995）：

$$M = \frac{E_l}{c} \qquad (1)$$

其中，M 是光的動量（momentum），又叫做光的壓力（light pressure）；

E_l 是光的能量（energy）；
c 是光速，為 3×10^8米／秒。

1903 年尼科耳（E. Nichols）和赫爾（G. Hull）合作，另有列別地夫（P. Lebedev）分別以實驗證明公式（1）。他們用扭絲天平法（torsion balance technique）如圖7。

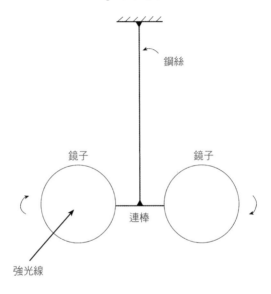

圖7　光的動量試驗儀器

有兩面鏡子被一鋼絲平衡懸住。將一束強光垂直照在其中一面鏡子上，光的動量可把鏡子推動而扭轉鋼絲到某一角度而停止。從扭轉的角度可測定光動量的大小。他們又將那光照在鍍黑的金屬圓柱上。黑色可吸收光能，從金屬溫度的增高的程度可測出光的能量。試驗的結果與公式（1）相符，只相差0.7%而已（文獻36，頁996）。

牛頓物理上的動量 M 等於質量乘以速度。所以，光的質量 m_l 及光速 c 和光的動量 M 應該以下式互相聯繫：

$$M = m_l c \qquad (2)$$

公式（1）及（2）等號左邊是相同的 M，其右邊也應相等，所以：

$$\frac{E_l}{c} = m_l c \qquad (3)$$

將上式乘以光速 c，則得：

$$E_l = m_l c^2 \qquad (3a)$$

物體可發出光能，也可發出其他種能量。一般性的能量 E 可取代光能 E_l，同樣一般性的質量 m 可取代光的質量 m_l。愛因斯坦原來的推導方法，也用過同樣的取代。所以公式（3a）成為：

$$E = mc^2 \qquad\qquad (4)$$

1932 年，物理學家科克羅夫（Cockroft）及沃爾頓（Walton）以實驗證明了公式（4）。他們以一個高速質子（proton）撞碎鋰（lithium）的核，使其分裂，並且有熱能產生。當將碎片的質量相加時，發現比原來的核質量少。有一部分質量失蹤了，變成為能量。產生的能量與失蹤的質量與公式（4）符合（文獻 8，頁 83）。

1932 年以後，又有許多次試驗都證明公式 $E = mc^2$ 是對的，直到現在還沒有一個試驗可證明這個公式錯了（文獻 7，頁 537，545）。

以上是愛因斯坦最有名的公式 $E = mc^2$ 的最簡單的推演方法。愛因斯坦原來的方法是先推演出質量增加公式，然後推演出 $E = mc^2$。但其過程比較複雜。本章推演出了公式（4），並沒有直接用狹義相對論，亦沒有用任何近似公式，所以（4）是一個準確公式。現公式（4）$E = mc^2$ 已經推演成功了，可以用它來推導質量增加的公式，將在下一章討論。

照片13　愛因斯坦紀念館

1903年，愛因斯坦在伯恩市的小商場街（Kramgasse）49號二樓租了一間房間（照片中間拱門的樓房）。他們一家在那裡住了6年。在這座樓房裡，他完成了狹義相對論。在愛因斯坦的孫子伯納德幫助下，伯恩市的愛因斯坦協會租下這房間並於1979年開設了一間紀念館。經常有很多觀光者來訪。在照片左下角的一群人，就是來參觀這個紀念館的觀光者。（宓正攝）

照片14　愛因斯坦紀念館的內景

這張照片是愛因斯坦舊居的會客室一角，牆上有紀念照片及說明。1905年，他在這裡寫出狹義相對論及$E=mc^2$。（宓正攝）

照片15　愛因斯坦紀念館的外景

紀念館是在照片左邊第一拱門的樓房內。這條街道兩邊拱門內都是商店。照片中右邊街頭有一座著名的鐘樓。照片16是這座鐘樓的近照。（宓正攝）

照片16　伯恩市著名的鐘樓

這座鐘樓每小時會鳴鐘報時。在大鐘下有一較小的天文鐘，其右邊有機械鳥及人物，
他們會在報時前先唱歌跳舞。樓頂上的方形窗內有一個金衣人偶。
電街車通過鐘樓下的拱門。傳說愛因斯坦是在車內看着鐘時想出相對論的。（宓正攝）

照片17　愛氏長孫伯納德（右）與愛氏紀念館館長伯基（Burki，左）在紀念館內

左邊牆上是愛氏29歲時在專利局做事時的照片。伯納德頭上建築照片是當時的專利局大樓。在右上角的小照片是當時專利局的局長哈勒。他給予愛氏大學畢業後的第一份工作。

照片18　普林斯頓高等研究院（Institue of Advanced Study, Princeton, New Jersey）

自1934年起直到1955年去世止，愛氏都在此做研究。這個研究院有8位資深名教授。世界各地的學者都可以申請到這裡來做研究。

照片19　愛氏的住所

位於112 Mercer Street, Princeton, New Jersey。愛氏去世後，這所房子由他女兒瑪可
（Margot Einstein）繼承。瑪可後將此屋捐給高等研究院。該院將此屋長期出租給學院
的一位教授，但保留產權。

照片20　愛氏長孫伯納德（右）及作者（左）攝於瑞士一古羅馬圓形劇場

伯納德在一家電機公司做研究。（夏承惠攝）

$$m = \frac{m_o}{\sqrt{1 - \dfrac{v^2}{c^2}}}$$

09

質量增加

愛氏說："我相信斯賓諾莎的神，它顯示於宇宙萬物的和諧中，但我不相信神會關心到世人的命運與行為。" （文獻5，頁47；文獻7，頁413）

依照愛因斯坦公式 $E = mc^2$，質量是與能量相當的。當物質有了速度時，其運動的能量，稱為動能（kinetic energy）增加了，因此物體的質量也隨着增加。為方便起見，將愛因斯坦公式 $E = mc^2$ 除以 c^2 並左右交換，而成為：

$$m = \frac{E}{c^2} \tag{4a}$$

根據物理學上動能的定義，物體有速度時的動能是：

$$E_k = \frac{1}{2} m_0 v^2 \tag{5}$$

其中，E_k 是動能；

m_0 是物體在停止時的質量，又叫做靜止質量；

v 是物體的速度。

按照公式（5）及（4a），動能 E_k 的質量 m_k 是：

$$m_k = \frac{E_k}{c^2} = \frac{1}{2} m_0 \frac{v^2}{c^2} \tag{6}$$

當一物體移動時，它的質量 m 比靜止質量 m_0 增加了 m_k，

所以，

$$m = m_0 + m_k \qquad （7）$$

將公式（6）中的 m_k 代入公式（7）中

$$m = m_0 + \frac{1}{2} m_0 \frac{v^2}{c^2} = m_0 \left(1 + \frac{1}{2} \frac{v^2}{c^2} \right) \qquad （8）$$

上面公式裡的 $\left(1 + \dfrac{1}{2} \dfrac{v^2}{c^2} \right)$，在數學上有一個近似值的級數內：

$$\frac{1}{\sqrt{1 - \dfrac{v^2}{c^2}}} = 1 + \frac{1}{2} \frac{v^2}{c^2} + \frac{8}{3} \frac{v^4}{c^4} + \ldots \qquad （9）$$

公式（9）在通常的數學公式書上都可找到。因光速很大，在右邊第 3 項及以後各項 $\dfrac{8}{3} \dfrac{v^4}{c^4} + \ldots$ 是很小的，可以被忽略。因之公式（9）成為：

$$\frac{1}{\sqrt{1-\frac{v^2}{c^2}}} = 1 + \frac{1}{2}\frac{v^2}{c^2} \qquad (10)$$

將（10）代入（8）式中，則：

$$m = \frac{m_0}{\sqrt{1-\frac{v^2}{c^2}}} \qquad (11)$$

其中，m 是物體有速度時的質量；

m_0 是物體靜止時的質量；

v 是物體速度。

當物體有速度時，v 大於零，$\frac{v^2}{c^2}$ 也大於零，所以 $\sqrt{1-\frac{v^2}{c^2}}$ 是小於1的。而 $\frac{1}{\sqrt{1-\frac{v^2}{c^2}}}$ 就會大於1。所以有速度時物體的質量增加了，大於靜止時的質量。公式（11）就是質量增加公式。

1914年物理學家比舍雷（Bucherer）及諾曼（Neuman）在一

強電場中，觀察高速電子的軌道被電場彎曲的程度。因高速電子的質量增加，其離心力就增高了，電子軌道的彎曲程度就減少。這試驗很準確地證明了公式（11）。電子速度曾高達光速的70%（文獻36，頁172）。

1952年，在美國布魯克海文國家試驗室（Brookhaven National Laboratory），物理學家們將質子加速到光速的95%，質量增高了3倍，與公式（11）相符。同年在加州理工學院將電子加速到近於光速的99.9999%，電子的質量竟增加了900倍之多，與（11）相合（文獻8，頁80）。

狹義相對論將在下一章討論。

-

$$x = \frac{x' + vt}{\sqrt{1 - \frac{v^2}{c^2}}}$$

10

狹義相對論

愛氏説："我們所有的科學知識，與宇宙萬物相比，是很原始幼稚的，但它是我們人類最寶貴的東西。"（文獻5，頁183）

1922 年愛因斯坦被請到日本作為期 6 個星期的巡迴演説。在京都大學（Kyoto University）時，有一位哲學教授西田（K. Nishida）請愛因斯坦講他是如何發現相對論的。愛因斯坦就臨時多加了一項演説來回答西田的問題。愛因斯坦的演説當場都有日語翻譯。後來物理學家大野（Yoshimosa Ono）將日文翻譯成英文，登在《今日物理》（*Physics Today*）期刊上（文獻11）。下面兩段是那次演説中狹義相對論的發現過程的摘要。

　　愛因斯坦説：“當我在大學時曾讀到邁克耳孫及莫雷的實驗，知道以太的構想是不對的。但我深信麥克斯韋，洛倫兹與菲茨傑拉的公式是對的。另外有不少的實驗，證明光速是不變的，不受其他速度的影響。這與我們平常速度的加減法是不同的。我花了很多時間，想出各種方法來解釋光速不變，但都沒有好的結果。”

　　“在瑞士伯恩一個好天氣的日子裡，我去找朋友貝索討論這問題，我們用各種不同的觀點來討論。突然我清楚了這個問題的關鍵所在：時間會因相對速度而改變。後來在街車裡，想到時間在不同速度的地方是可以改變的。這是一個新觀念，可將這個難題解開了。”

5個星期後，狹義相對論就寫成了。

光速的實驗在第3章內已提到過。這實驗證明光速是一個不變的常數。另外，菲佐在1859年測量流動液體中的光速，發現光速並不受流體速度的影響。光速是固定不變的。這是很令人費解的謎（文獻8，頁81）。

愛因斯坦注意這個謎有7年之久。1905年他終於把這謎解決了。解開的關鍵點在於時間是可以改變的，他想出數學公式代表不同時間。當他將這些公式解開後，發現解出公式裡有不少奇妙的結果。這是科學上一大傑作，並且對世界有很大的影響。

相對論靠數學推演而成。本章主要以高中代數來推演狹義相對論。因數學比較難讀，所以需要耐心。相對論是研究在速度不同的兩個地方內彼此時間及空間的關係。現在用車站及街車來做例子。圖8（a）車站代表一個固定坐標。站內的空間以 x 來代表水平方向位置，y 來代表垂直位置，站上的鐘是 A，時間是 t。圖8（b）街車，代表一個在移動的坐標，街車以速度 v 在水平方向離站。街車內的空間是以 x' 來代表水平方向位置，y' 來代表垂直位置，車內的鐘是A'，時間是 t'。

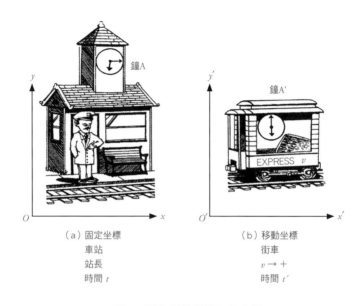

鐘A

鐘A'

EXPRESS v

O x O' x'

（a）固定坐標   （b）移動坐標
      車站   街車
      站長 $v \rightarrow +$
      時間 t 時間 t'

圖8 　固定及移動的兩個坐標

　　這兩個不同速度坐標空間與時間的關係，在數學上叫做變換公式（transformation equation）。傳統的變換公式又叫做牛頓的變換公式，是：

$$x = Ax' + Bt' = x' + vt' \qquad (12)$$

$$t = t' \qquad (13)$$

牛頓的公式（12）中有兩個係數 A 與 B，以前已用兩個條件來決定，為 $A = 1$ 及 $B = v$。公式（13）表示時間在兩個不同速度的地區是一樣的。若按照牛頓公式（12）及（13），則光速會因光源的速度而改變。例如光源以速度 v 趨近觀察者，依照這兩個公式，該觀察者所測到的光速應是 $c + v$。但根據許多實驗，不管光源移動多快，光速仍是 c，與公式（12）及（13）不符合。

　　為要與實驗相符，愛因斯坦提出新的變換公式如下：

$$x = Dx' + Et' \qquad\qquad (14)$$
$$t = Fx' + Gt' \qquad\qquad (15)$$

公式（14）與（15）中有四個係數 D, E, F 及 G，習慣以英文字 c 來代表光速。為避免混亂，用 c 以後的四個字母來代表這四個新係數。

　　牛頓與愛因斯坦的變換公式有什麼不同呢？牛頓公式（12）$x = Ax' + Bt'$ 與愛因斯坦公式（14）$x = Dx' + Et'$ 是一樣的，只是將兩個係數用不同的字母來表示而已。主要的不同是在於牛頓公式（13）$t = t'$ 與愛因斯坦公式（15）$t = Fx' + Gt'$ 之間。牛頓的時間在任何地方都是一樣的。愛因斯坦公式（15）表示，時間在有相對速度的地區是不同的。這是一關鍵步驟，愛因斯坦的新公式（15）$t=Fx'+Gt'$ 是他的一大發明，震動了全世界。

四個係數 D, E, F 及 G 需要有四個條件才能解出。其中有兩個條件（1）及（2）牛頓的兩個條件。愛因斯坦根據光速是固定不變而想出兩個新的條件（3）及（4）。這四個條件將說明如下。

條件（1）及（2）與牛頓的兩個條件相同。

圖9顯示這兩個條件。圖9（a）中有固定車站及站長。圖9（b）中有街車，以速度 v 離開站。

條件（1）：站長測定街車的移動坐標原點 O' 位置。

條件（2）：固定站內的一點 A 變換到開動中街車裡成為 A' 點。然後又回到固定站內，則必須回到原來的 A 點上，圖9。不然 A 點可隨便改到另一位置，這是不合理的。所有交換公式都要滿足這條件。

愛因斯坦的新條件（3）與（4）：

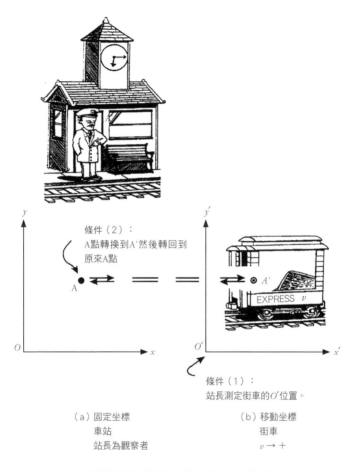

條件（2）：
A點轉換到A'然後轉回到
原來A點

A

EXPRESS v

A'

y'

y

O

x

O'

x'

條件（1）：
站長測定街車的O'位置。

（a）固定坐標
　　車站
　　站長為觀察者

（b）移動坐標
　　街車
　　v → ＋

圖9　相對論用兩個牛頓的條件（1）與（2）

愛因斯坦根據光速不變，不受光源速度的影響，想出了兩個新的條件。圖10（a）是固定車站，站裡有兩個手電筒，為信號燈，一個向右照，一個向左照。10（b）為街車，是以速度 +v 向右開走。街車裡有觀察者的速度與街車相同，是 +v。右方向定為正向（+），左方向定為負向（-）。

條件（3）：圖10（a）在站裡的一個手電筒向右以光速 +c 照。在街車內的人看到的光速不變，仍是 +c。

條件（4）：圖10（a）在站裡的另一個手電筒向左以光速 -c 照。在街車內的人看到的光速不變，仍是 -c。

以上四個條件可用來解出四個係數 D, E, F, G。這四個條件可以任何次序應用。下面用條件（1），（3），（4）及（2）的次序來解四個係數。

條件（1）：站長測定街車的移動坐標原點 O' 位置，圖9。

在開始時，街車在站內，固定與移動坐標的原點 O 及 O' 可在同位置。車開動後，站長看到街車離去，站長測到街車 O' 點的位置 x 等於街車速度 v 乘上時間 t，即 $x = vt$。

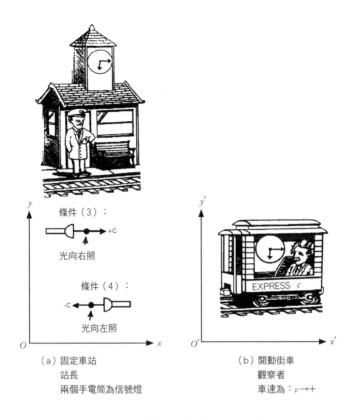

條件（3）：
光向右照

條件（4）：
光向左照

（a）固定車站
站長
兩個手電筒為信號燈

（b）開動街車
觀察者
車速為：$v \to +$

圖10　相對論用兩個新的條件（3）與（4）

街車裡的人，他們自己原點 O' 隨車而走，是不變的，所以經常在 $x'=0$。因之：

站長看到街車原點 O' 是在 $x = vt$ （16）

街車裡的人看到 O' 點是在 $x' = 0$ （17）

將公式（16）與（17）代入愛因斯坦公式（14）$x = Dx'+Et'$ 中：

$$vt = D\,(0) + Et' = Et' \qquad (18)$$

將公式（17）代入愛因斯坦公式（15）$t=Fx'+Gt'$ 裡：

$$t = F\,(0) + Gt' = Gt' \qquad (19)$$

將式（18）除以式（19），即等號左邊相除等於右邊相除。

$$\frac{vt}{t} = \frac{Et'}{Gt'} \qquad (20)$$

上式中 t 及 t' 都被抵消了，得到：

$$v = \frac{E}{G} \qquad (21)$$

上式乘以G，然後左右邊交換：

$$E = vG \qquad (22)$$

所以條件（1）決定了E和G之間的關係。

條件（3）：圖10（a）在站裡的一個手電筒向右以光速$+c$照。在站裡，光速是$+c = \dfrac{x}{t}$，或$x = ct$。在街車內的人看到的光速不變，仍是$+c = \dfrac{x'}{t'}$，或$x' = c't'$。所以，

站長看到光是在 $x = ct$ \qquad （23）

街車裡的人看到光是在 $x' = ct'$ \qquad （24）

將式（23）及（24）代入愛因斯坦公式（14）$x = Dx' + Et'$內：

$$ct = D（ct'）+ Et' =（Dc + E）t' \qquad (25)$$

將式（24）代入愛因斯坦公式（15）$t = Fx' + Gt'$ 內：

$$t = F(ct') + Gt' = (Fc + G)t' \qquad (26)$$

將式（25）除以式（26）：

$$\frac{ct}{t} = \frac{(Dc+E)\,t'}{(Fc+G)\,t'} \qquad (27)$$

上式中，t 及 t' 又相抵消了：

$$c = \frac{Dc+E}{Fc+G} \qquad (28)$$

以 $Fc + G$ 乘以上式：

$$c(Fc + G) = Dc + E \qquad (29)$$

將上式各項重新排列成為：

$$Dc = c(Fc + G) - E = Fc^2 + Gc - E \qquad (30)$$

條件（4）：圖10（a）在站裡的另一個手電筒向左以光速 -c 照。在站裡，光速是 $-c = \dfrac{x}{t}$，或 $x = -ct$。在街車內的人看到的光速不變，仍是 $-c = \dfrac{x'}{t'}$，或 $x' = -ct'$。所以：

站長看到的光是在 $x = -ct$ （31）

街車裡的人看到光是在 $x' = -ct'$ （32）

將式（31）及（32）代入愛因斯坦公式（14）$x = Dx' + Et'$ 內，得到：

$$-ct = D\,(-ct') + Et' = (-Dc + E)\,t' \qquad (33)$$

將式（32）代入愛因斯坦公式（15）$t = Fx' + Gt'$ 內：

$$t = F\,(-ct') + Gt' = (-Fc + G)\,t' \qquad (34)$$

將式（33）除以式（34），得：

$$\frac{-ct}{t} = \frac{(-Dc + E)\,t'}{(-Fc + G)\,t'} \qquad (35)$$

上式中 t 及 t' 又相抵消了，便有：

$$c = \frac{-Dc+E}{-Fc+G} \quad (36)$$

以 $-Fc + G$ 乘以上式：

$$-c\left(-Fc + G\right) = -Dc + E \quad (37)$$

將上式各項重新排列成為：

$$Dc = c\left(-Fc + G\right) + E = -Fc^2 + Gc + E \quad (38)$$

上式（38）與公式（30）$Dc = Fc^2 + Gc - E$ 相比較，等號左邊都是 Dc，右邊也應該相等，即：

$$Fc^2 + Gc - E = -Fc^2 + Gc + E \quad (39)$$

將上式各項重新排列，有的可相加，Gc 抵消了，得到：

$$2Fc^2 = 2E \quad (40)$$

以 $2c^2$ 除上式：

$$F = \frac{E}{c^2} \qquad (41)$$

把式（41）代入式（38）$Dc = -Fc^2 + Gc + E$ 中，得：

$$Dc = -\left(\frac{E}{c^2}\right)c^2 + Gc + E = -E + Gc + E = Gc \qquad (42)$$

上式除以 c，有：

$$D = G \qquad (43)$$

將式（43）代入式（22）$E = vG$ 內，得到：

$$E = vD \qquad (44)$$

然後將式（44）代入式（41）中：

$$F = \frac{v}{c^2}D \qquad (45)$$

由公式（43）$G = D$，式（44）$E = vD$，及式（45）$F = \dfrac{v}{c^2} D$

可將 E, F, G 都換成 D。再有一個公式，就可將 D 解答了。這最後一個公式是從條件（2）中得到的。

條件（2）：固定站內的一點 A 變換到開動中街車裡成為 A' 點，然後又轉回到站內，則必須回到原來的 A 點上，圖9。不然 A 點可隨便改到另外一個位置，這是不合理的。所有交換公式都要滿足這條件。

這條件在數學可證明四個係數 D, E, F, G 之間必須有下列關係[1]：

$$1 = DG - EF \qquad\qquad (46)$$

將式（43）$G = D$，式（44）$E = vD$，及式（45）$F = \dfrac{v}{c^2} D$ 同時代入式（46）中，得到：

$$1 = D(D) - (vD)\left(\dfrac{v}{c^2} D\right)$$

$$=D^2-\frac{v^2}{c^2}D^2=\left(1-\frac{v^2}{c^2}\right)D^2 \qquad (47)$$

將上式除以 $\left(1-\dfrac{v^2}{c^2}\right)$ 並左右兩邊交換：

$$D^2=\frac{1}{1-\dfrac{v^2}{c^2}} \qquad (48)$$

――――――――

〔1〕根據條件（2），數學上可證明在愛因斯坦變換公式中四個係數的行列式（determinant）必須等於1，不然A點會到另外位置去。愛因斯坦的變換公式是：

$$x = Dx + Et \qquad (14)$$

$$t = Fx' + Gt' \qquad (15)$$

上兩式中的行列式是 $\begin{vmatrix} D & E \\ F & G \end{vmatrix}=1$。

依照行列式計算法，它是等於右斜對角相乘 DG，減去左斜對角相乘 EF。

所以有：

$$1=\begin{vmatrix} D & E \\ F & G \end{vmatrix}=DG-EF \qquad (46)$$

在線性代數（linear algebra）中有公式（46）的更詳細證明法。

最後將上式兩邊開平方，得：

$$D = \cfrac{1}{\sqrt{1 - \cfrac{v^2}{c^2}}} \qquad (49)$$

係數 D 已決定了！其他三個係數 E, F, G 就容易了。將式（49）代入式（44）$E = vD$ 中：

$$E = \cfrac{v}{\sqrt{1 - \cfrac{v^2}{c^2}}} \qquad (50)$$

將式（49）代入式（45）$F = \cfrac{v}{c^2} D$ 中：

$$F = \cfrac{\cfrac{v}{c^2}}{\sqrt{1 - \cfrac{v^2}{c^2}}} \qquad (51)$$

最後將式（49）代入式（43）$G = D$：

$$G = \cfrac{1}{\sqrt{1 - \cfrac{v^2}{c^2}}} \qquad (52)$$

四個係數都有了。愛因斯坦的變換公式已推演完成。

將式（49）及（50）代入愛因斯坦公式（14）$x = Dx' + Et'$ 內：

$$x = \frac{x'}{\sqrt{1 - \dfrac{v^2}{c^2}}} + \frac{vt'}{\sqrt{1 - \dfrac{v^2}{c^2}}} = \frac{x' + vt'}{\sqrt{1 - \dfrac{v^2}{c^2}}} \qquad (53)$$

並將式（51）及（52）代入愛因斯坦公式（15）$t = Fx' + Gt'$ 中，得：

$$t = \frac{\dfrac{v}{c^2}x'}{\sqrt{1 - \dfrac{v^2}{c^2}}} + \frac{t'}{\sqrt{1 - \dfrac{v^2}{c^2}}} = \frac{t' + \dfrac{v}{c^2}x'}{\sqrt{1 - \dfrac{v^2}{c^2}}} \qquad (54)$$

其中，x 及 t 為固定站內的位置及時間；

x' 及 t' 為開動中街車裡的位置及時間；

v 為街車的速度；

c 為光速。

因街車的速度 v 在 x 方向，其他兩個方向，（y 及 z）街車並沒有速度。y 及 z 與 x 垂直。從式（53），如以 y 取代 x；y' 取代 x' 及 $v = 0$，則式（53）成為 $y = y'$。相同的以 z 代 x；z' 代 x' 及 $v = 0$，則式（53）成了 $z = z'$。所以有：

$$y = y' \text{ 及 } z = z' \qquad\qquad (55)$$

愛因斯坦用了一個有趣的詞來形容公式（55）。他的文章寫了在 y 及 z 方向不應該有什麼 "陰謀"（cynical）或怪事（strange）發生。

公式（53）及（54）是狹義相對論的主要結果。這一重要的理論的關鍵步驟是愛因斯坦公式（15）$t = Fx' + Gt'$。這公式看起來並不是很複雜的，卻引進了不少奇妙的好結果。愛因斯坦根據光速不變，想到兩個新的條件是很有技巧的。愛因斯坦原來用公式（53）及（54）導出公式（11）$m = \dfrac{m_0}{\sqrt{1 - \dfrac{v^2}{c^2}}}$，及公式（4）$E = mc^2$，因在第 8 及 9 章已把這兩個公式（11）及（4）用簡單的方法推演出來了，所以不再重複。公式（53）及（54）的其他應用將在下三章內說明。第 11 章有時間變慢，第 12 章是長度縮短，第 13 章有相對論的速度加減法。

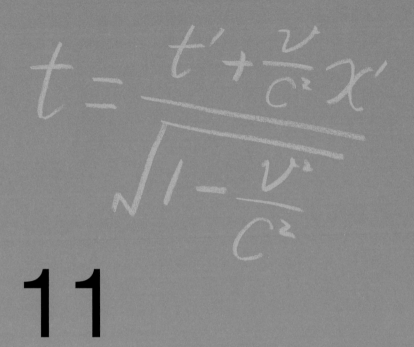

$$t = \frac{t' + \frac{v}{c^2}x'}{\sqrt{1 - \frac{v^2}{c^2}}}$$

11

時間變慢

愛氏說："當我們每天的食物要依靠神的特別祝福時，這些日子不是好過的。"（文獻5，頁45）

相對論的一個奇妙的結論是，在開動的街車裡，時間會比車站內慢。其慢的程度是依照速度與光速的比例而定的。因光速很大，日常生活中時間變慢是很小的，不會感覺到。公式（54）可導出時間變慢的程度。為方便起見，重複如下：

$$t = \frac{t' + \dfrac{v}{c^2} x'}{\sqrt{1 - \dfrac{v^2}{c^2}}} \qquad (54)$$

將上式乘以 $\sqrt{1 - \dfrac{v^2}{c^2}}$ 並左右兩邊交換：

$$t' + \frac{v}{c^2} x' = t \sqrt{1 - \frac{v^2}{c^2}} \qquad (56)$$

街車內某一點有一個事件，開始於 t'_1，結束於 t'_2。因之它在街車內的時間是 $t' = t'_2 - t'_1$。從站上看到同一個事件，其開始在 t_1，結束在 t_2。在站上看到的時間是 $t = t_2 - t_1$。先將結束時間 t'_2 及 t_2 代入公式（56）內，得：

$$t'_2 + \frac{v}{c^2} x' = t_2 \sqrt{1 - \frac{v^2}{c^2}} \qquad (57)$$

再將開始時間 t'_1 及 t_1 代入（56）內：

$$t'_1 + \frac{v}{c^2}x' = t_1\sqrt{1 - \frac{v^2}{c^2}} \qquad (58)$$

式（57）減式（58），其中 $\frac{v}{c^2}x'$ 相抵消了，便有：

$$t'_2 - t'_1 = (t_2 - t_1)\sqrt{1 - \frac{v^2}{c^2}} \qquad (59)$$

將車內時間 $t' = t'_2 - t'_1$ 及站上時間 $t = t_2 - t_1$ 代入式（59），得到：

$$t' = t\sqrt{1 - \frac{v^2}{c^2}} \qquad (60)$$

其中，t' 為街車裡的時間；

　　　t 為站上的時間；

　　　v 為街車速度；

　　　c 為光速 = 每秒 3×10^8 米。

當街車有速度時，$\frac{v^2}{c^2}$ 是大於零的，於是 $\sqrt{1 - \frac{v^2}{c^2}}$ 小於 1。按

照式（60），t' 小於 t。在站上的人看到街車裡的鐘 t' 比站上的鐘 t 慢，但站上的鐘及站長的手錶仍是照常走的，不會因街車離去而改變。

公式（60）已有不少實驗證明。1941年羅西（B. Rossi）及霍爾（D. Hall）測定，高速度的微粒 μ 子（Muons）的壽命會增長，就是因為在高速運動，μ 子的時間變慢了。μ 子是一種輕子，與電子類似，它是很不穩定的，會很快變成電子和其他微粒。當太空外的宇宙射線（cosmic ray）照射到高空大氣裡的原子核時，會產生 μ 子。羅西與霍爾在兩個不同高度用金屬片將慢的 μ 子分開。它們發現快速度的 μ 子壽命會增長，與公式（60）相符（文獻9，頁56）。

1966及1971年瑞士日內瓦的歐洲粒子加速器試驗室（European Particle Accelerator Laboratory）的物理學家們，在實驗室內將 μ 子加速到高達光速的 99.7%。μ 子的壽命增加了12倍，與公式（60）符合（文獻9，頁58）。

1971年哈費勒（J. Hafele）與基廷（R. Keeting）將極精密的原子鐘放在飛機上周遊世界（文獻49，頁56）。1976年維所（R. Vessot）及萊文（M. Levine）把原子鐘裝在火箭上射向太空然後返回來，他們的試驗都證明了公式（60）的正確性（文獻49，頁61）。

公式（60）中的速度 v 已取平方。v 的平方不受速度方向的影響。如果街車返回車站，其速度應是負數 $-v$，但其平方仍是正數 $+v^2$。街車在任何方向開都可使時間變慢。

當街車以光速離站時，街車內人看到站上的鐘停了。然而當街車以光速返回車站時，街車內的人看到站上的鐘居然也一樣停了。這是數學公式（60）的威力。愛因斯坦的思想試驗（thought experiment）只可用在街車以光速離開站時。但他導出的公式（60）卻表示，即使街車以光速返回車站時，或在站前橫過，街車內的人看到站上的鐘都是停了的。因路邊的鐘是和在站上的鐘同在地球上固定坐標中，所以從光速街車內看到路邊的鐘都停了。

所有的物質都是由原子組成的。原子中心有一個核，核外有電子以高速度圍繞着核旋轉，每秒有幾兆次之多。電子的軌道像行星繞太陽一樣，是一個橢圓。它們的軌道也像水星一樣會移動，如圖 2（b）所示。另外電子及核都經常在因熱而振動（thermo vibration），將電子的軌道移到所有方向，使電子軌道外圍成為一個圓球。

1905 年愛因斯坦狹義相對論的原文中，曾提到鐘變慢的例子。有一個鐘在地球赤道，另一個在北極上。赤道上地面速度比北極上的快。相對論導出一個公式表示在赤道的鐘會比在北極上的鐘走得慢些，這例子後來演變成有名的雙胞胎謬論（twin paradox）。

有雙胞胎兄弟兩人，一個叫太空兄，另一個叫本鄉弟。太空兄乘了太空船高速遠航。依照相對論，太空船上的時間變慢了。回程中，太空船裡的時間還是慢了。來回都慢，所以當太空兄回到地球上時，他的生理年齡要比本鄉弟年輕。

雙胞胎的矛盾曾引起過很多諷刺與爭論。反對最強烈的是一位名叫丁格爾（Herbert Dingle）的物理學教授。他在1956年到1968年之間發表了至少 15 篇文章反對相對論。有不少物理學家也同時發表文章指出丁格爾的錯誤。其中有博恩（M. Born），克拉克（A. Clarke），及麥克雷（W. McCrea）（文獻30）。丁格爾反對相對論的理由如下：

根據相對論，所有速度都是相對的，宇宙間沒有一個絕對不動的地方可用來做參考點（reference point）。在相同情形之下，任何點都可作為參考點。當地球作為參考點或觀察點時，太空兄遠航回來，因在旅程中時間變慢，他的生理年齡會比本鄉弟年輕。但是如果以太空船作為參考點，太空兄可看到地球退離，然後又回到太空船來。這樣太空船可被認為是不動的，而地球及本鄉弟是在遠航旅行，那麼按照相對論，旅行的本鄉弟應比太空兄年輕。怎樣可能他們會彼此互相年輕呢？這是不合理，也是不可能的事。丁格爾直爽地寫道：

"當太空兄遠航後回到地球上時，他的生理年齡必須與本鄉弟完全一樣，相對論應該被否定放棄。"（文獻24，頁133及10（c）頁20）

但是如果太空兄回到地球上時，他的生理年齡與本鄉弟完全一樣，則相對論便是錯了。時間相同本來是牛頓時代的舊觀念，時間不同是相對論的基礎。如果時間都是一樣，則相對論完全垮台了。所以照丁格爾的看法，相對論是根本錯誤，無可救藥的。他也不顧在1968年以前相對論已經有的實驗證明。

地球與太空船這兩個參考點並不是完全一樣的。先以地球為參考點，當太空船的火箭發動，產生推力使其加速度遠航，船上的人都會覺得有很大的力在推動他們往前，如同開快車時，乘客都會感到坐椅在推他們。當以太空船作為參考點時，船上看到地球加速退去，但是地球上的人並不覺得任何力量在推動他們。這是兩個參考點不相同之點。

不僅是地球，太空船上的人看到整個宇宙在加速退去。使宇宙有加速度應有極大的推力。這樣大推力從哪裡來呢？這推力並不存在。雖然太空船上可看到宇宙有加速度，其實宇宙並沒有受到任何推力。

當太空船離去時，地球上的人們並不覺得有任何不同，也沒有感到任何推力，他們的生活照常。但太空兄會感到有大力在推動，使他的速度越來越快。推力乘以距離等於能量。動能就越來越大了。相對論指出能量與質量是相當的。能量增加時質量也增加。在太空船上的質量增大時，人們的行動，生活及新陳代謝都會遲鈍，時間也就緩慢了。

太空兄回到地球以後，他與地球沒有相對速度。所以他的身材及時間都和地球上的人相同。但時間是連續累積的，會受到以前時間變慢的影響，使他年輕了。長度不是連續累積的，一點不受以前縮短的影響。

關於雙胞胎謬論的爭論終於在1970～1980年間停止了。因為科學進步，許多更準確的試驗證實了相對論。幾乎每天在世界各地的粒子加速器內，有萬億的電子經常被加速到近於光速。高速電子的行動與相對論完全相符。電子的質量依照相對論增加。不管多快加速，電子是不會達到光速的，這也是根據相對論的。另外又有高速 μ 子（Muons）完全按照相對論的壽命增長的公式。現在幾乎所有物理學家們都認為雙胞胎生理年齡會不同，與愛因斯坦的構想一致。大家都認為，當太空兄遠航回地球時，他的生理年齡是要比本鄉弟年輕的（文獻 6，頁61）。

以上太空旅行並不是可以長生不老的。對旅行者本人來說，他的生活是沒有一點改變的。最後，永生是不可能的。相對論的公式指出任何物質不可以被加速到光速。

在太空船上物質的原子核對船上人來說是固定的。當太空船等速航行時，船上的人並不覺得船在移動，只有看到窗外物在動時，才知道船在走。船上人一切生活與地球上是一樣的。在等速移動場地內，物理定律與在固定地區內是相同的。

相對論證明物質不可能達到光速。假設一物質以光速運行，

則有不可思議的事發生。因物質到了光速時，$\sqrt{1-\dfrac{v^2}{c^2}}=0$。根據

公式（60）$t'=t\sqrt{1-\dfrac{v^2}{c^2}}$，時間會完全停了，而按照公式（11）

$m=\dfrac{m_0}{\sqrt{1-\dfrac{v^2}{c^2}}}$，質量會增加到無限大，推力也要無限大，這是不

可能的事。所以物質不會達到光速的。物質在運動方向的長度會
縮短為零。下一章將討論長度的縮短。

12

長度縮短

一般來說，只有熱愛才是最好的老師，它遠遠勝過責任感。

洛倫茲與菲茨傑拉提出了物體在移動方向的長度會縮短的公式，以解釋邁克耳孫與莫雷試驗的結果。他們的公式並沒有理論根據。相對論導致相同的公式。成為長度縮短的理論根據。長度的縮短是可以從公式（53）導出的。為方便起見重複如下：

$$x= \frac{x'+vt'}{\sqrt{1-\dfrac{v^2}{c^2}}} \qquad (53)$$

將上式乘以 $\sqrt{1-\dfrac{v^2}{c^2}}$，然後左右兩邊交換，得：

$$x'+vt'=x\sqrt{1-\dfrac{v^2}{c^2}} \qquad (61)$$

　　街車裡有一根尺子在車速度方向的 x'_2 及 x'_1 兩點之間。其長度為 $L' = x'_2 - x'_1$。當街車不動時，在站上看到同一根尺子是在 x_2 及 x_1 之間，長度為 $L = x_2 - x_1$。

　　先將二個末點位置 x'_2 及 x_2 代入式（61）中：

$$x'_2+vt'=x_2\sqrt{1-\dfrac{v^2}{c^2}} \qquad (62)$$

再將起點 x'_1 及 x_1 代入式（61）中，得到：

$$x'_1 + vt' = x_1 \sqrt{1 - \frac{v^2}{c^2}} \qquad (63)$$

用式（62）減式（63），vt' 抵消了，便有：

$$x'_2 - x'_1 = (x_2 - x_1) \sqrt{1 - \frac{v^2}{c^2}} \qquad (64)$$

因 $L' = x'_2 - x'_1$ 及 $L = x_2 - x_1$，所以：

$$L' = L \sqrt{1 - \frac{v^2}{c^2}} \qquad (65)$$

其中，L' 為站上看到街車內一根尺子的長度，尺子在街車的速度方向；

L 為站上一根尺子，或街車不動時該尺的長度，街車不動時，它與站是在同一固定坐標中的；

v 為街車速度。

當街車運動時，$\dfrac{v^2}{c^2}$ 是大於零的。因之 $\sqrt{1 - \dfrac{v^2}{c^2}}$ 小於1，公式（65）表示移動中的尺長 L' 小於固定尺長 L。站上人看到街車裡的物質長度都縮短了。在街車裡的人是不可能知道這尺長度縮短的，因車中所有量長度的尺都縮短了。宇宙間所有的物質都是由原子組成的，速度的影響是相同的。連車裡人的眼球表面彎曲度也改變了，所以他們看不出也測不出車內的物質長度的縮短。

公式（65）內的速度是以平方方式出現的。街車離開站時（ $+v$ ），及返回站時（ $-v$ ）速度平方是相等的，所以當街車離去和回站時，車的長度都會縮短。但在其他二個垂直方向，即 y 及 z 方向，長度是一點兒也不縮短的。因車子在兩垂直方向並沒有速度。公式（55） $y = y'$ 及 $z = z'$ 也明確表示，這兩個方向的長度是不變的。

街車離開或返回車站，車的長度會縮短，但當車在站前橫行而過時，即在 z 方向開走時，車的長度並不減少，但車裡的時間仍是變慢了的。物質在速度方向會縮小，可以從原子變形來說明。宇宙中所有的物質都是由原子組成的。圖 11 表示原子在移動時其外形的變化。

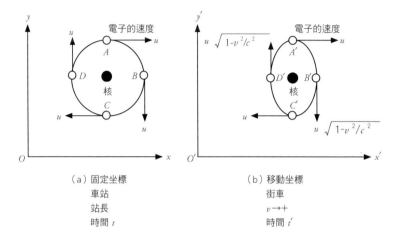

（a）固定坐標
車站
站長
時間 t

（b）移動坐標
街車
$v \rightarrow +$
時間 t'

圖11　原子在移動時其外形的變化

圖11（ a ）車站。電子高速圍繞着核心，其外表為一個圓球。電子的速度是 u 。

圖11（ b ）街車。從固定車站看來，原子在速度方向 $B'D'$ 縮小了，但在垂直 $A'C'$ 則不變。說明如下：

在上頂及底下 $A'C'$ 兩點，依照公式（65）

$$L' = L\sqrt{1 - \frac{v^2}{c^2}} \qquad (65)$$

上式除以 $\sqrt{1-\dfrac{v^2}{c^2}}$ ，

$$L=\frac{L'}{\sqrt{1-\dfrac{v^2}{c^2}}} \qquad\qquad (65A)$$

根據公式（60），時間變慢了，

$$t'=t\sqrt{1-\dfrac{v^2}{c^2}} \qquad\qquad (60)$$

或

$$t=\frac{t'}{\sqrt{1-\dfrac{v^2}{c^2}}} \qquad\qquad (60A)$$

從固定車站看來，A' 及 C' 點電子的速度是公式（65A）除以公式（60A）：

$$\frac{L}{t}=\frac{L'}{\sqrt{1-\dfrac{v^2}{c^2}}}\frac{\sqrt{1-\dfrac{v^2}{c^2}}}{t'}=\frac{L'}{t'}=u \qquad\qquad (66)$$

在 A' 及 C' 兩點電子的速度不變，其軌道也不變，A' 及 C' 保持以前距離。

在街車內看車內的原子，與站上看站內的原子是完全一樣的。其原子外型仍為一圓形。電子速度也一樣，$\dfrac{y'}{t'} = \dfrac{y}{t} = u$。

原子前後 B' 及 D' 兩點，電子的速度是在 y' 方向，這個方向並不縮小，因 $y' = y$，但時間變慢了，則速度為降低。所以：

$$\frac{y}{t} = \frac{y'}{t'}\sqrt{1-\frac{v^2}{c^2}} = u\sqrt{1-\frac{v^2}{c^2}} \qquad (67)$$

$\sqrt{1-\dfrac{v^2}{c^2}}$ 是小於1的。在 B' 及 D' 電子的速度就減慢了。它的軌道就降低了，在移動時原子的外形成為一橢圓，使原子在速度方向變短。物質也就變短了。

$$w = \dfrac{u + v}{1 + \dfrac{uv}{c^2}}$$

13

相對論的速度加減法

一個人的價值，應當看他貢獻什麼，而不應看他取得什麼。

愛因斯坦的速度加減公式表示光速是固定不變的，不受任何光源或觀察移動的影響。這與許多光速觀察結果相符。這些是狹義相對論最早的實驗證明。相對論的速度加減法公式也表明，任何速度都不可能比光速更快。光速是宇宙間速度的極限。

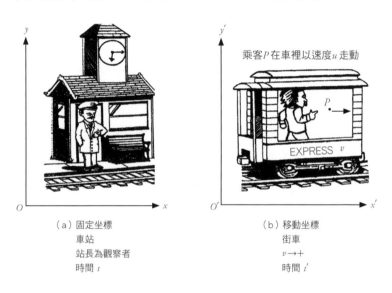

（a）固定坐標
車站
站長為觀察者
時間 t

（b）移動坐標
街車
$v \rightarrow +$
時間 t'

圖12　相對論的速度加減法

圖12顯示一個速度相加的例子。街車的速度是 v。有一位旅客在街車裡以速度 u 走動。他的速度 u 可順着 v 的方向走（相加），也可反向走（相減）。從站上看到旅客的速度是 w。一般

應該是 $w = u + v$。愛因斯坦的相對論導出一個更準確的公式：

$$w = \frac{u+v}{1 + \dfrac{uv}{c^2}}$$

在街車裡的人看到同車內的旅客 P 的走速以 $u = \dfrac{x'}{t'}$ 來代表。在站上看到在街車內的旅客 P 的走速用 $w = \dfrac{x}{t}$ 來表示。

愛因斯坦的速度加減公式是從式（53）及式（54）推演出來的。為方便起見重複如下：

$$x = \frac{x'+vt'}{\sqrt{1 - \dfrac{v^2}{c^2}}} \qquad （53）$$

$$t = \frac{t'+\dfrac{v}{c^2}x'}{\sqrt{1 - \dfrac{v^2}{c^2}}} \qquad （54）$$

將式（53）除以式（54），其中 $\sqrt{1-\dfrac{v^2}{c^2}}$ 抵消了，結果如下：

$$\frac{x}{t} = \frac{x'+vt'}{t'+\dfrac{v}{c^2}x'} \tag{68}$$

將（68）右邊的分子與分母同時除以 t'。因同時除，不會改變這公式。所以：

$$\frac{x}{t} = \frac{\dfrac{x'}{t'}+v}{1+\dfrac{v}{c^2}\dfrac{x'}{t'}} \tag{69}$$

以前曾提過 $\dfrac{x'}{t'} = u$ 及 $\dfrac{x}{t} = w$，將它們代入上式成為：

$$w = \frac{u+v}{1+\dfrac{vu}{c^2}} = \frac{u+v}{1+\dfrac{uv}{c^2}} \tag{70}$$

公式（70）中 v 是街車的速度，u 是旅客 P 在車內的行走速度。如果車速 v 及走速 u 在同一個方向，則二者相加。如果是相反 $-u$，則二者相減 $w = \dfrac{-u+v}{1 - \dfrac{vu}{c^2}}$。公式（70）是有名的愛因斯坦速度加減公式。

公式（70）可應用在交食雙星上，互相圍繞運行。有些雙星的軌道卻恰好在地球的視線上。他們會互相擋住，稱為交食雙星。圖13（a）是交食雙星（1）及（2）同在地球的視線上。星（2）擋住了星（1）的光。後來星（1）也會擋住星（2）的光。所以從地球上看到交食雙星會定期變暗變亮的。

圖13（b）是雙星分開時，它們相反運動。例如星（1）是以速度 $+v_1$ 走向地球，星（2）是以速度 $-v_2$ 離開地球。它們的光都是向着地球 $+c$，從地球上測量他們光速應是多少呢？

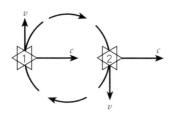

（a）星2食了星1

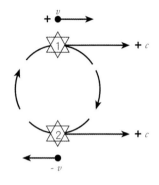

地球

（b）分開時的雙星

圖13　交食雙星

　　星（1）是以$+v_1$趨近地球，同時加上光速$+c$。公式（70）中的u是光速c，v是$+v_1$。所以，

$$w_1 = \frac{c+v_1}{1+\dfrac{cv_1}{c^2}} = \frac{c+v_1}{1+\dfrac{v_1}{c}} = \frac{c+v_1}{\dfrac{c+v_1}{c}} = c \qquad （71）$$

　　在地球上測到星（1）的光仍是c，不受星（1）趨近速度v_1的影響。這是和西特爾的觀察相符合的。

　　星（2）的速度相反（$-v_2$）離開地球。光速仍是$+c$。公式（70）裡的u是$+c$，v中是（$-v_2$）。所以，

$$w_2 = \frac{c-v_2}{1 - \dfrac{cv_2}{c^2}} = \frac{c-v_2}{1 - \dfrac{v_2}{c}} = \frac{c-v_2}{\dfrac{c-v_2}{c}} = c \qquad (72)$$

結果光速仍是 c，不受星（2）離開的影響。

假設星（1）以不可能快的光速趨近地球，再加上星光速本身，則兩個光速相加為：

$$w_1 = \frac{c+c}{1 + \dfrac{cc}{c^2}} = \frac{2c}{2} = c \qquad (73)$$

甚至於將兩個光速相加，結果仍是等於一個光速 c。因之光速是一個不變的常數，而且沒有速度可比光速更大，光速是宇宙中的極限。

公式（71）及（72）光速不變與邁克耳孫及莫雷、西特爾及菲佐的測驗完全相符合。這些試驗是在相對論之前已經做好了，他們成為相對論最早的實驗證明。

$$u_m = u(1 + 2.5C_v)$$

14

結論

我沒有特別的才能，不過是喜歡追根究底地解決問題罷了。

愛因斯坦雖是平民出身卻成為近代最偉大的科學家。他接受物理上困難問題的挑戰,努力研究並自我批評,從而取得巨大成就。他的理論可解釋物理及天文上很多的現象。在研究過程中,他發現了原子能。這種能會對我們有很大的幫助,但也可以毀滅世界,要看我們如何應用它。

他為人謙和,也常勇敢發言,把心中的意見表達出來。他不怕捲入政治,經常支持民主自由及正義。

但他也是有缺點的。他與瑪麗克離婚,是他一生中的低潮。他們是大學時的同學,墜入情網,寫了不少情書愛詩(文獻19)。但結婚後的第12年——1914年,他們分居了;5年之後——1919年正式離婚。愛因斯坦與他大兒子漢斯的關係尚好,但漢斯曾說他父母的離婚使他很難過(文獻20,頁98)。次子愛德華(Edward Einstein)相當恨他的父親,可能因此引起他的精神的不健全。很不幸的,他在大學時得了精神病,後來很嚴重,只好被送進精神病院過了一輩子(文獻7,頁523)。

愛因斯坦對量子力學(quantum mechanics)非常懷疑,認為它的基本構想不完美。量子力學已成為原子物理的重要工具,並廣泛地應用在激光及半導體上。因愛因斯坦很不喜歡量子力學,為此他與有些物理學家脫離了。

　　他在物理學上開闢了一條重要的新路徑，使我們可以通過這個路徑，認識宇宙的奧秘，享受其中物理的原則。他的哲學也有獨特的一面，值得我們學習思考，他的思想可幫助世界社會的。

後記

　　愛氏的狹義相對論於1905年6月30日發表的，至今已經有100多年了。很多實驗都證明它是對的，還沒有一個實驗可以確定它是錯的。但是仍有不少人反對。

　　在1956年到1968年之間，丁格爾（H. Dingle）發表了很多文章，認為時間變慢是不可能的事。但有很多的實驗，都確定愛氏的時間變慢公式是對的。這在第10章內已討論過，不再重複。

　　在第13章相對論的速度加減法，已表示所有物體的速度是不可能比光速大的。光速是宇宙中速度的極限。如果發現有超光速，則相對論就必須修正了。

　　常有物理學家公佈説，發現了超光速的現象。但都很勉強，後來都被否定，再也不提了。其中最有説服力的超光速現象是2008年8月15日新浪網（Sina）科技時代報道的新聞：瑞士日內瓦大學有5位物理學家公佈有比光速更快的通訊傳遞速度。當光子通過非線性透明物體時，可產生會感應糾纏的雙胞胎光子的。他們將雙胞胎光子（Twin Photons）拆開，然後通過光纖（fiber optics）送到 18 公里外的二個接收站。其中一個光子的"顏色"改變時，幾乎同時，另一個光子也改變了。其傳遞的速度，是超過光速的。但這是通訊超光速，並不是物體超光速。

這種現象，只能以量子力學來解釋。量子力學認為量子之間可有關聯。發生在一個量子上的事，也可幾乎同時發生在相關的量子上。這種現象，被稱為"量子糾纏"。目前，瑞士日內瓦大學的實驗還沒有被其他研究所證實。

相對論與量子力學是近代物理學上的兩大發明。表面上看來這兩種理論是完全不同的。相對論是應用在大範圍裡（Macro Scale）的，如行星、太陽、宇宙等等。量子力學是用在極小的範圍內（Micro Scale），如原子內的各種微粒上。兩者都是對的。各有不同的應用範圍。

2005 年是相對論發表100 週年。在瑞士伯恩市舉行了盛大的慶祝會。伯恩是相對論寫作的地方。在歐洲、美洲、亞洲各地的科學雜誌上，都有專刊介紹愛氏及討論相對論的，人們對愛因斯坦的相對論的熱情依然不減。

愛因斯坦銘言選

　　愛因斯坦是偉大的科學家，也是大哲學家，又是敢於說話的人。他的令人敬佩的銘言很多，以下選出一些可代表他的哲學思想的，以饗讀者。

　　（1）科學的主要目的是以最少數的假設，用合理的邏輯，來解釋最廣泛的實驗結果。（文獻5，頁178）

　　（2）不管有多少次的試驗，都是不可能證明一理論是對的。但只需要一個試驗，就可以證明那理論是錯了。（文獻5，頁224）

　　（3）我相信斯賓諾莎的神，它顯示於宇宙萬物的和諧中，但我不相信神會關心到世人的命運與行為。（文獻5，頁47；文獻7，頁413）

　　（4）要尊敬每一個人，但不要偶像化地崇拜任何人。（文獻5，頁135）

（5）當我們每天的食物要依靠神的特別祝福時，這些日子不是好過的。（文獻5，頁45）

（6）不要去做違背良心的事，即使政府要你去做。（文獻5，頁197）

（7）從事科學研究工作，要得到真有價值的好結果之機會是很少的，所以只有一條出路：花多半時間在實際工作上，用其餘時間來學習研究。（文獻5，頁180）

（8）真正有價值的發現不是來自野心或僅僅是責任感，它是來自對別人及對事實的愛心和忠誠。（文獻5，頁191）

（9）愛因斯坦對量子力學很懷疑。它是以統計學及或然率來解釋原子物理現象的。他對玻爾説："神不玩骰子。"

玻爾反駁説："不要去告訴神應該怎麼樣做。"（文獻5，頁172及176）

解説：愛因斯坦是説明神的作風，他並沒有告訴神應該怎樣做。這就是有名的愛因斯坦與玻爾的辯論。他們見面時，常常針鋒相對但友好地辯論，前後有30年之久。結果雙方都沒有被說服。

（10）我們所有的科學知識，與宇宙萬物相比，是很原始幼稚的，但它是我們人類最寶貴的東西。（文獻5，頁183）

（11）1953年愛因斯坦74歲時說：我現在很清楚了，我並沒有特別高的才能。在好奇、求知慾、忍耐固執與自我批評的帶引下找到我的理論。我並沒有特強的思考力，或是只有中等程度。很多人有比我更好的腦筋，但並沒有做出任何有價值的新貢獻。（文獻25，頁216）

　　　　　※　　　　　※　　　　　※

愛因斯坦推演出下列公式。這些公式都簡明而有力地解釋了真理。它們是愛因斯坦在科學上的主要成就。

（1）固體與流體混合物的黏滯係數。（文獻17，第2冊，頁104～118）

這是愛因斯坦的博士論文，1906 年因此獲得蘇黎世大學博士學位。

$$\mu_m = \mu\,(1+2.5Cv)$$

μ_m 為固體與流體混合物的黏滯係數；

μ 為流體的黏滯係數；

Cv 為固體球在混合物中的體積比率。

（2）光對電子的影響。（文獻17，第2冊，頁86～103）

1916 年，宓立根以實驗證明了這公式。

$$E_p = E_e + E_b$$

E_p 為一光子的能量 = 6.63 × 10^{-34}（普朗克常數）乘以光子頻率；

E_e 為被光子從物質內撞出的電子動能；

E_b 為電子與物質的結合能。

當光子的能量 E_p 小於結合能 E_b 時，電子不會被撞出來，不管光的強度有多大。光的強度與光子的數量成正比，光的顏色由光子的頻率而決定。

（3）狹義相對論的基本公式。（文獻17，第2冊，頁140～151）

$$x = \frac{x' + vt'}{\sqrt{1 - \frac{v^2}{c^2}}} \tag{53}$$

$$t = \frac{t' + \frac{v}{c^2}x'}{\sqrt{1 - \frac{v^2}{c^2}}} \tag{54}$$

$$y = y' \text{ 及 } z = z' \tag{55}$$

x, y, z 及 t 為固定站上或觀察者所在地的空間及時間；

x', y', z' 及 t' 為街車裡的空間及時間；

v 為街車速度；

c 為光速 $= 3 \times 10^8$ 米／秒。

以下的幾個公式，都可從式（53）、（54）、（55）中導出。

（4）時間變慢。（文獻17，第2冊，頁153）

$$t' = t \sqrt{1 - \frac{v^2}{c^2}} \tag{60}$$

t' 為街車裡的時間；

t 為固定站上的時間；

v 為街車速度。

公式（60）的速度不受方向的限制。速度 v 可在任何方向，時間都會變慢。

（5）長度縮短。（文獻17，第2冊，頁152）

$$L' = L \sqrt{1 - \frac{v^2}{c^2}} \tag{65}$$

L' 為街車裡內一尺的長度，尺在街車速度方向；

L 為固定站上該尺的長度。

公式（65）與洛倫茲及菲茨傑拉的長度縮短公式相同。長度的縮短只是在街車速度 v 的方向，或 x 方向。其他二垂直方向（y 及 z）上，長度並不縮短。

（6）速度加減。（文獻17，第2冊，頁154）

這公式與西特爾雙星觀測及菲佐的試驗相符，成為相對論最早實驗證明。

$$w = \frac{u+v}{1+\dfrac{uv}{c^2}} \qquad (70)$$

其中，w 為固定站上觀察者看到街車裡旅客的速度；

$\quad$ v 為街車的速度；

$\quad$ u 為街車裡的旅客行走的速度；

$\quad$ w 及 u 都在街車速度 v 的同一方向上。

（7）質量增加。（文獻17，第2冊，頁173）

$$m = \frac{m_0}{\sqrt{1 - \frac{v^2}{c^2}}} \qquad (11)$$

其中，m 為物體有速度時的質量；

m_0 為物體靜止時的質量；

v 為物體的速度，可在任何方向。

（8）能量與質量公式。（文獻17，第2冊，頁174）

這是愛因斯坦最有名的公式，也是科學上最重要公式之一。

$$E = mc^2 \qquad (4)$$

E 為物體能量（焦耳、瓦秒，或牛頓米）；

m 為物體的質量（公斤）；

c 為光速 = 3×10^8 米／秒。

參考文獻

1. Beatty, J. "*Life from Ancient Mars.*" Sky and Telescope, October, 1996.

2. Beckhard, A. *Albert Einstein.* New York: Avon Books, 1959.

3. Brian, D. *Einstein.* New York: John Wiley & Sons Inc., 1996.

4. Calder, N. *Einstein's Universe.* New York: Penguin Books, 1979.

5. Calaprice, A. *The Quotable Einstein.* New Jersey: Princeton University Press, 1996.

6. Cassidy, D., *Einstein and Our World.* New Jersey: Humanities Press, 1995.

7. Clark, R. *Einstein: The Life and Times.* New York: Avon Books, 1984.

8. Coleman, J. *Relativity for the Layman.* New York: Signet Science Book, 1954.

9. Davies, P. *About Time.* New York: Touchstone Book, Simon and Schuster, 1995.

10. Dingle, H. *The Special Theory of Relativity.* New York: John Wiley, 1961.

（a） "*A Problem in Relativity Theory*". Proc. Phy. Soc. A, Vol. 69, 925, 1956.

（b） "*The Case Against Special Relativity.*" Nature, Vol. 216, 119, 1967.

（c） "*The Case Against the Special Theory of Relativity.*" Nature, Vol, 217, 19, 1968.

11. Einstein, A. "*How I Created the Theory of Relativity.*" Translated by Y. A. Ono. Physics Today, American Institute of Physics, August 1982, pp. 45-

47.

12. Einstein, A. *The Meaning of Relativity*. New Jersey: Princeton University Press, 1956.

13. Einstein, A. *Ideas and Opinions*. Edited by Seelig. New York: Dell Publishing Co., 1981.

14. Einstein, A. *The Human Side*. Edited by H. Dukas and B. Hoffmann. New Jersey: Princeton University Press, 1979.

15. Einstein, A. *Einstein, A Centenary Volume*. Edited by A. French. Massachusetts: Harvard University Press, 1979.

16. Einstein, A. *Einstein on Peace*. Edited by O. Nathan and H. Norden. New York: Avenel Books, 1981.

17. Einstein, A. *The Collected Papers of Albert Einstein*. Vol. 1-5. English translation by A. Beck. New Jersey: Princeton University Press, 1987-1995.

18. Einstein, A. *The World as I See It*. Translated by A. Harris. New Jersey: Citadel Press, 1931.

19. Einstein, A. and Maric, M. *The Love Letters*. Translated by S. Smith. Edited by J. Renn and R. Schulmann. New Jersey: Princeton University Press, 1992.

20. Einstein, E., *Hans Albert Einstein, Reminiscences of His Life and Our Life Together*. Iowa: Iowa Institute of Hydraulic Research, University of Iowa, 1991.

21. Hey, T. and Walters, P. *Einstein's Mirror*. New York: Cambridge University Press, 1997.

22. Hoffmann, B. *Albert Einstein, Creator and Rebel*. New York: Viking Press, 1972.

23. Gabor, A. *Einstein's Wife*. New York: Viking Press, 1995.

24. Gardner, M. *Relativity for the Million*. New York: Macmillan Co. 1962.

25. Greenberg, J. "*Einstein: The Gourmet of Creativity.*" Science News. Vol. 115, No. 13, March 31, 1969.

26. Holton, G. and Elkana, Y. *Albert Einstein, Historical and Cultural Perspectives*. New Jersey: Princeton University Press, 1982.

27. Kondo, H. *Albert Einstein and the Theory of Relativity*. New York: Franklin Watts Inc., 1969.

28. Lanczos, C. *The Einstein Decade (1905-1915)*. New York: Academic Press, 1974.

29. Lorentz, H.; Einstein, A; Minkowski, H; and Weyl, H. *The Principle of Relativity*. New York: Dover Publications, 1952.

30. Mc Crea, W. (a) "*A Problem in Relativity Theory: Reply to H. Dingle.*" Proc. Phys. Soc. A. Vol. 69, 935, 1956.
    (b) "*Why the Special Theory of Relativity is Correct*" Nature, Vol. 217, 122, 1967.

31. Mook, D. and Vargish, T. *Inside Relativity*. New Jersey: Princeton University

Press, 1987.

32. Pais, A. *Subtle is the Lord ... The Science and the Life of Albert Einstein*. New York: Oxford University Press, 1982.

33. Parker, B. *Einstein's Dream: The Search for a Unified Theory of the Universe*. New York: Plenum Press, 1986.

34. Pauli, W. *The Theory of Relativity*. New York: Dover Books, 1958.

35. Resnick R. and Halliday, D. *Basic Concepts in Relativity*. New York: Macmillan Publishing Co., 1992.

36. Resnick R. and Halliday, D. *Physics*. Combined Edition. New York: John Wiley. 1966.

37. Rindler, W. *Introduction to Special Relativity*. New York: Oxford University Press, 1982.

38. Roth, J. and Sinnott, R. "*Our Nearest Celestial Neighbors.*" Sky and Telescope, October 1996.

39. Russell, B. *The ABC of Relativity*. New York: Signet Science Library Books 1958.

40. Sagan, C. *Pale Blue Dot: A Vision of the Human Future in Space*. New York: Random House, 1994.

41. Schilpp, P., ed. *Albert Einstein: Philosopher-Scientist*. Evanston, Illinois: Library of Living Philosophers Inc., Vol. 7, 1949.

42. Schwartz, J. and Mc Guiness, M. *Einstein for Beginners*. Pantheon Books, N.

Y., 1979, p. 69.

43. Sciama, D. *The Physical Foundations of General Relativity*. Doubleday & Co. N. Y., 1969.

44. Shadowitz, R. *Special Relativity*. W. B. Saunders Co., Philadelphia, Pa., 1968.

45. Shen, H. W. ed. *Sedimentation: A Symposium to Honor Prof. H. A. Einstein*. Fort Collins, Colorado State University, and American Society of Civil Engineers Publication, 1972, p. 24: 1-23.

46. Skinner, R. *Relativity for Scientists and Engineers*. New York: Dover Publications, 1969.

47. Sugimoto, K. *Albert Einstein, A Photographic Biography*. New York: Schocken Books, 1989.

48. Thorne, K. *Black Holes & Time Warps*. New York: W. W. Norton & Co., 1994.

49. Will, C. *Was Einstein Right*? New York: Basic Books, 1986.

人名對照表

Adams, Walter	亞當斯
Bargman, V.	巴格曼
Beethoven, Ludwig van	貝多芬
Bergmann, Hugo	貝格曼
Besso, Michele（Mike）	馬克・貝索
Bohr, Niels	玻爾
Born, M.	博恩
Bradley, James	布拉德利
Briggs, Lyman	布里格斯
Bucherer, A.	比舍雷
Chaplin, Charles	卓別林
Chavan, Lucien	恰範
Clarke, A.	克拉克
Cockroft-Walton	科克羅夫與沃爾頓
Columbus, Christopher	哥倫布
Curie, Marie	居里夫人
Da Vinci, Leonardo	達芬奇
Dingle, Herbert	丁格爾

Lowenthall, Elsa（Einstein）	羅文莎
Lucid, Shannon	露西
Maric, Mileva	瑪麗克
Maxwell, James	麥克斯韋
McCrea, W.	麥克雷
Meitner, Lise	梅特娜
Michelson, Albert	邁克耳孫
Mih, Tze	宓治
Milliken, Robert	密立根
Mona, Lisa	蒙娜麗莎
Morley, Edward	莫雷
Neuman, F.	諾曼
Newton, Issac	牛頓
Nichols, Ernest	尼科耳
Nishida, K.	西田
O'Connell, William	奧康奈爾
Ono, Yoshimosa	大野
Oppenheimer, J, Robert	奧本海默
Pauli, Wolfgang	泡利
Planck, Max	普朗克
Pound, Robert	龐德

Winteler, Marie 瑪麗‧溫特勒

Winteler, Paul 保羅‧溫特勒